智慧物联技术与电网建设

应泽贵　邹仕富　李　杰　胡红彬
李　忠　程　刚　毛　锐　唐晋生　主编

黄河水利出版社
·郑州·

内容提要

本书分为6篇,共14章,内容主要涉及电力物联网建设的各项核心技术,包括物联网的原理、主要技术,无线传感器网络的原理、架构及技术,边缘计算、云计算技术理论、原理,智慧物联网的传输技术(5G技术,北斗卫星技术理论、原理),电网中的智能设备以及电力物联网的架构等。本书在电力物联网工程实践的基础上,重点介绍了建设电力物联网需要遵从的标准规范,还简单介绍了一个典型应用案例。

本书可作为高等职业院校物联网专业的教材,也可供电力物联网建设各方参考,亦可作为电力行业员工电力物联网知识、技能的培训教材。

图书在版编目(CIP)数据

智慧物联技术与电网建设/应泽贵等主编. —郑州:黄河水利出版社,2023.4

ISBN 978-7-5509-3559-4

Ⅰ.①智… Ⅱ.①应… Ⅲ.①物联网-应用-电网-电力工程-教材 Ⅳ.①TM727-39

中国国家版本馆CIP数据核字(2023)第071177号

组稿编辑 田丽萍 电话:0371-66025553 E-mail:912810592@qq.com

责任编辑 冯俊娜 责任校对 韩莹莹

封面设计 李思璇 责任监制 常红昕

出版发行 黄河水利出版社

地址:河南省郑州市顺河路49号 邮政编码:450003

网址:www.yrcp.com E-mail:hhslcbs@126.com

发行部电话:0371-66020550

承印单位 河南匠心印刷有限公司

开　　本 787 mm×1 092 mm 1/16

印　　张 11.75

字　　数 270千字

版次印次 2023年4月第1版 2023年4月第1次印刷

定　　价 98.00元

前　言

2020年10月29日，党的十九届五中全会通过的《中共中央关于制定国民经济和社会发展第十四个五年规划和二〇三五年远景目标的建议》提出，“十四五”期间，加快推动绿色低碳发展，降低碳排放强度，支持有条件的地方率先达到碳排放峰值，制定二〇三〇年前碳排放达峰行动方案。2020年12月16~18日，中央经济工作会议举行。会议将做好碳达峰、碳中和工作作为2021年八大重点任务之一，要求加快调整优化产业结构、能源结构，推动煤炭消费尽早达峰，大力发展新能源，加快建设全国用能权、碳排放权交易市场，完善能源消费双控制度。要继续打好污染防治攻坚战，实现减污降碳协同效应。要开展大规模国土绿化行动，提升生态系统碳汇能力。

随着碳达峰、碳中和进程的加快推进，我国能源电力发展呈现出能源生产加速清洁化、能源消费高度电气化、能源利用效率高效化等新趋势和新特点。能源格局的深刻调整，也将给电力系统带来深刻变化。构建新型电力系统是促进能源转型和实现碳达峰、碳中和的重要支撑。实现碳达峰、碳中和，能源清洁低碳转型是关键。

水电、风电、光电等大量新能源发电企业数量、装机容量屡创新高，电能量的接入、调度、传输等众多环节提出更多、更高的要求，与传统的电网有了巨大的不同。新时代的电网必须采用新技术、新理念，创新思维，建设一张更加科学、更加稳定、更加智能的新一代电网。

本书由国网四川省电力公司技能培训中心应泽贵、邹仕富、李杰、胡红彬、李忠、程刚、毛锐、唐晋生担任主编。本书的出版受到了国网四川省电力公司教育培训经费专项资助。

由于编者水平有限，书中难免存在不妥之处，恳请读者批评指正。

编　者

2022 年 10 月

目　录

前　言

第1篇　物联网技术

第2篇　智慧物联网的传输

第3篇　电网中的智能设备

第4篇　电力物联网

第5篇 电力物联网的相关标准、规范

第6篇 典型应用

第1篇

物联网技术

第1章　物联网基本知识及基本技术

物联网(internet of things,IOT),万物互联的网络,是一个基于互联网、传统电信网等的信息承载体,让所有能够被独立寻址的普通物理对象实现互联互通的网络。物联网通过物联终端交换信息。

在经历了一段低迷期后,由于智能技术、通信技术的快速发展,物联网迎来了蓬勃发展。物联网与众多新技术的高度融合,正在给人类社会带来深刻变化。

1.1　物联网的概念

1.1.1　国际电信联盟的定义

国际电信联盟(ITU)发布的《ITU 互联网报告 2005:物联网》,正式提出了“物联网”的概念。无所不在的“物联网”通信时代即将来临,世界上所有的物体从轮胎到牙刷、从房屋到纸巾都可以通过因特网主动进行交换。射频识别技术(RFID)、传感器技术、纳米技术、智能嵌入技术将得到更加广泛的应用。

1.1.2　IBM“智慧地球”中对物联网的定义

感应器嵌入和装备到电网、铁路、桥梁、隧道、公路、建筑、供水系统、大坝、油气管道等各种物体中,并且被普遍连接,形成物联网。

1.1.3　EPC 基于“RFID”的物联网定义

物联网是在计算机互联网的基础上,利用 RFID、无线数据通信等技术,构造一个覆盖世界上万事万物的“internet of things”。在这个网络中,物品(商品)能够彼此进行“交流”,而无须人的干预。其实质是利用 RFID,通过计算机互联网实现物品(商品)的自动识别和信息的互联与共享。

1.1.4　中国科学院基于传感网的物联网定义

随机分布的集成有传感器、数据处理单元和通信单元的微小节点,通过一定的组织和通信方式构成的网络,是传感网,又叫物联网。

按照上述定义,应用得较多的物联网定义为:通过射频识别、红外感应器、全球定位系统、激光扫描器等信息传感设备,按约定的协议,把任何物品与互联网连接起来,进行信息交换和通信,以实现智能化识别、定位、跟踪、监控和管理的一种网络。

1.2 物联网的主要特征

物联网的主要作用是实现物与物、人与物之间的信息交互。主要特征包括全面感知、可靠传输和智能处理。

(1)全面感知:利用大量物联终端设备,如无线射频识别、传感器、定位器和二维码等手段随时随地对物体进行信息采集和获取。

(2)可靠传输:通过各种电信网络和因特网融合,对接收到的感知信息进行实时远程传送,实现信息的交互和共享,并进行各种有效的处理。

(3)智能处理:利用云计算技术、边缘计算技术、大数据技术、移动计算技术、智能计算技术等,对随时接收到的海量数据和信息进行分析处理,提升对物理世界、经济社会各种活动和变化的洞察力,实现智能化的决策和控制。

1.3 物联网的主要功能

(1)信息采集。通过各种物联终端感知、识别各种信息。

(2)信息传输。利用通信网络通过物联网的各个节点以及通信传输设备发送、传输、接收等环节,把采集的事物状态信息及其变化传送到目的地。

(3)信息处理。对收集的信息进行加工,可以利用大数据技术对海量数据进行处理、分析,以实现基于不同目的的应用。

(4)信息施效。信息收集、处理的目标是让信息发挥应用的作用,产生价值。基于不同的应用,产生不同的价值。

1.4 物联网的分类

物联网类型有4种:私有物联网(private IOT)、公有物联网(public IOT)、社区物联网(community IOT)、混合物联网(hybrid IOT)。

(1)私有物联网:一般表示单一机构内部提供的服务,多数用于机构内部的内网中,少数用于机构外部。

(2)公有物联网:是基于互联网向公众或大型用户群体提供服务的一种物联网。

(3)社区物联网:可向一个关联的"社区"或机构群体提供服务,如公安局、交通运输局等。

(4)混合物联网:是上述两种及以上物联网的组合,但后台有统一的运营维护实体。

1.5　物联网架构

物联网的本质很简单,即传感+通信+IT技术,物联网按层划分的架构如图1-1所示。

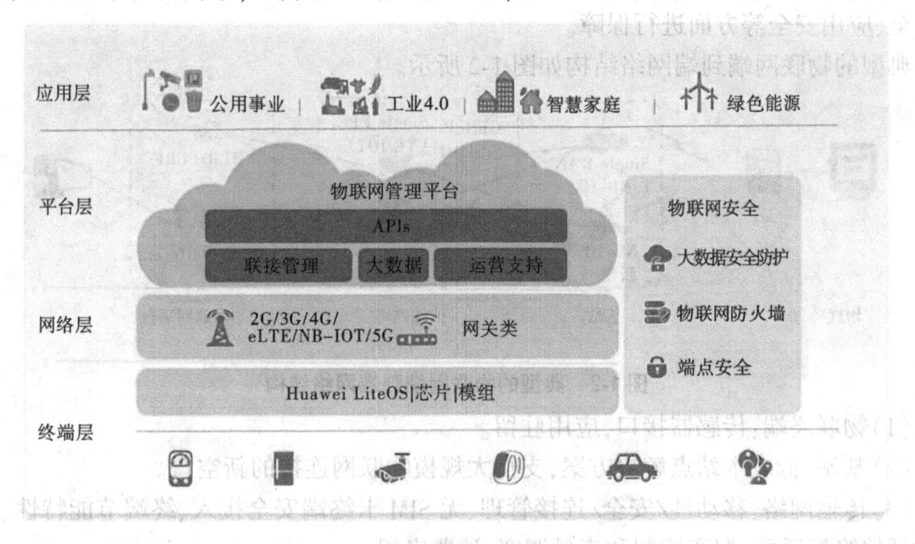

图1-1　物联网的层架构

终端层:接入数量巨大、种类繁多的传感设备,采集各种信息(数据、图形、声音、录像等),支持多种协议,以统一的形式提供数据给网络层。物联终端可以是智能手机,也可以是一台家庭路由器、摄像头、可穿戴设备、传感器、汽车等。

网络层:是物联网的神经中枢和大脑,实现信息的传递和处理。网络层包括通信与互联网的融合网络、网络管理中心、信息中心和智能处理中心等,网络层将终端层获取的信息进行传递和处理。传输网络有无线和有线方式,适用的场景不同。无线有移动和固定方式,移动有2G、3G、4G、5G等接入方式。有线有传统网络线和光纤。

平台层:平台层在整个物联网体系架构中起着承上启下的关键作用,它不仅实现了底层终端设备的"管、控、营"一体化,为上层提供应用开发和统一接口,构建了设备和业务的端到端通道,而且提供了业务融合及数据价值孵化的土壤,为提升产业整体价值奠定了基础。

物联网的使用者可以专心于构建自己的应用而无须关心如何让设备联网。

应用层:应用层位于物联网4层结构中的最顶层,其功能为"处理",即通过云计算平台进行信息处理。应用层与最低端的终端层一起,是物联网的显著特征和核心所在,应用层可以对终端层采集的数据进行计算、处理和挖掘,从而实现对物理世界的实时控制、精确管理和科学决策。根据应用需要,在平台层之上建立相关的物联网应用。

1.6 物联网的安全

安全是物联网面临的最大挑战。安全工作需要从端点安全、网络安全、数据安全、平台安全、应用安全等方面进行保障。

典型的物联网端到端网络结构如图 1-2 所示。

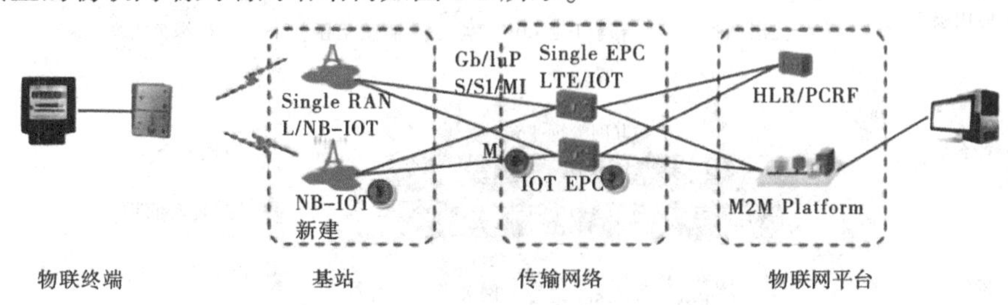

图 1-2 典型的物联网端到端网络结构

(1)物联终端:传感器接口,应用驻留。

(2)基站:低成本站点解决方案,支持大规模物联网连接的新空口。

(3)传输网络:移动性/安全/连接管理、无 SIM 卡终端安全接入、终端节能特性、不区分时延的终端适配、拥塞控制和流量调度、计费启用。

(4)物联网平台:应用层协议栈适配,终端 SIM OTA、终端设备、事件订阅管理、API 能力开放(行业、开发者)、OSS/BSS(自助开户、计费),大数据分析。

1.6.1 物联网网关

带网关的物联网如图 1-3 所示。

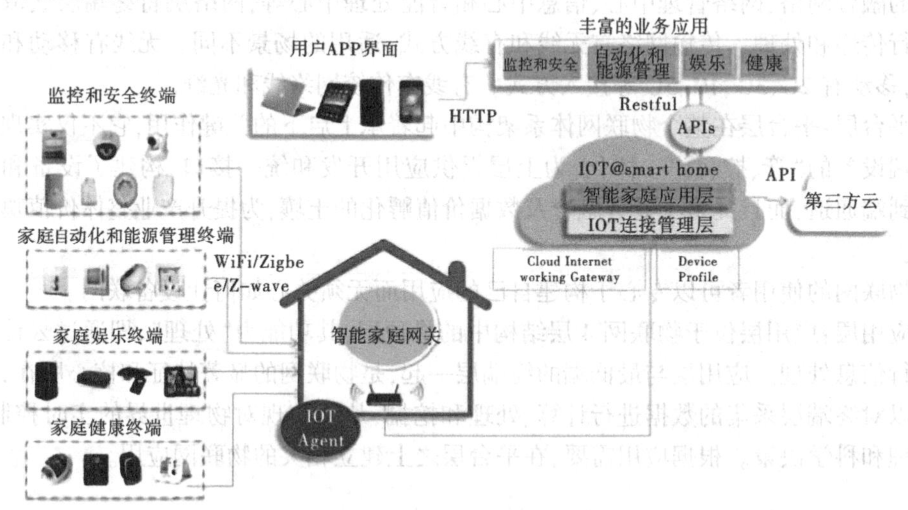

图 1-3 带网关的物联网

(1)分层解耦:终端、网关、应用平台、APP 解耦。

(2)多终端操作界面:移动应用程序、语音扬声器、PAD、PC Web 门户。

(3)灵活多样的终端接入方式:不同功能/协议/品牌终端接入、网关聚合访问、直接连接访问。

(4)云连接:实现不同云平台下的设备互联。

(5)终端间多级联动:同一网关下设备之间的规则链接、同一平台上跨网关设备之间的规则链接、跨平台设备之间的规则链接。

带 LoRa 网关的物联网如图 1-4 所示。LoRa 使用免授权 ISM 频段,但不同的国家或地区使用不同的频段。我国主要采用 470~510 MHz,但也采用 779~787 MHz;中国 LoRa 应用联盟推荐采用 470~518 MHz。

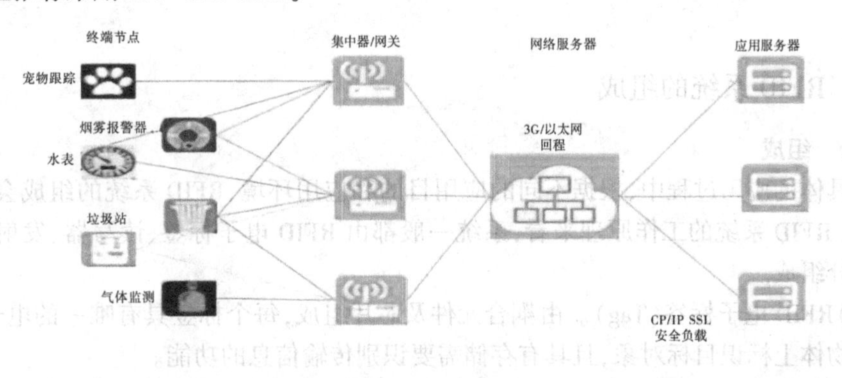

图 1-4　典型物联网端到端网络结构 3-LoRa 网关

1.6.2　物联网平台

物联网平台是物联网价值链的锚点,如图 1-5 所示。

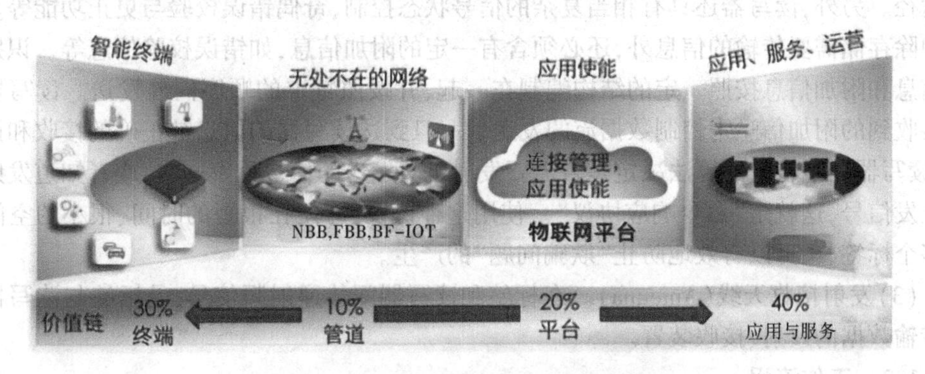

图 1-5　物联网平台是物联网价值链的锚点

根据物联网服务的层次,物联网平台主要分为以下 4 大平台类型:

(1)设备管理平台(DMP)。主要用于物联网设备接入、数据采集、设备状态监测和维护等。

(2)连接管理平台(CMP)。操作人员熟悉的 SIM 卡管理,提供 SIM 卡生命周期管理、状态监测、故障诊断等功能。

(3)应用使能平台(AEP)。简而言之,它帮助物联网应用程序开发人员快速开发和部署所需要的物联网应用程序。

(4)业务分析平台(BAP)。收集各种相关数据后,进行分类处理、分析,提供可视化的数据分析结果(图表、仪表盘、数据报表)。

与平台传递对应行业的物联网服务器,各行业根据其提供的高价值数据,进行产业升级、提效及智能化改造。

1.7 RFID 系统

1.7.1 RFID 系统的组成

1.7.1.1 组成

在具体的应用过程中,根据不同的应用目的和应用环境,RFID 系统的组成会有所不同,但从 RFID 系统的工作原理来看,系统一般都由 RFID 电子标签、读写器、发射接收天线 3 部分组成。

(1)RFID 电子标签(Tag)。由耦合元件及芯片组成,每个标签具有唯一的电子编码,附着在物体上标识目标对象,且具有存储需要识别传输信息的功能。

RFID 电子标签一般是带有线圈、天线、存储器与控制系统的低电集成电路。

(2)读写器(Reader)。又叫信号接收机,是用来读取(有时还可以写入)标签信息的设备,根据支持的标签类型不同与完成的功能不同,可设计为手持式或固定式。

读写器的复杂程度是显著不同的。读写器的基本功能就是提供与标签进行数据传输的途径。另外,读写器还具有相当复杂的信号状态控制、奇偶错误校验与更正功能等。标签中除存储需要传输的信息外,还必须含有一定的附加信息,如错误校验信息等。识别数据信息和附加信息按照一定的结构编制在一起,并按照特定的顺序向外发送。读写器通过接收到的附加信息来控制数据流的发送。一旦到达读写器的信息被正确的接收和译解后,读写器通过特定的算法决定是否需要发射机对发送的信号重发一次,或者知道发射器停止发信号,这就是“命令响应协议”。使用这种协议,即便在很短的时间、很小的空间阅读多个标签,也可以有效地防止“欺骗问题”的产生。

(3)发射接收天线(Antenna)。在标签和读写器间传递射频信号,是标签与读写器之间传输数据的发射、接收装置。

1.7.1.2 工作流程

(1)读写器通过发射天线发送一定频率的射频信号,当 RFID 电子标签进入发射天线工作区域时产生感应电流,RFID 电子标签获得能量被激活,将自身编码等信息通过内置发送天线发送出去。

(2)系统接收天线接收到从 RFID 电子标签发送来的载波信号,经天线调节器传送到读写器,读写器对接收的信号进行解调和解码然后送到后台主系统进行相关处理。

(3)主系统根据逻辑运算判断该 RFID 电子标签的合法性,针对不同的设定做出相应的处理和控制,发出指令信号控制执行机构动作。

1.7.2　RFID 分类

RFID 依据其标签的供电方式可分为 3 类,即无源 RFID、有源 RFID 与半有源 RFID。

1.7.2.1　无源 RFID

在 3 类 RFID 产品中,无源 RFID 出现时间最早、最成熟,其应用也最为广泛。在无源 RFID 中,电子标签通过接受射频识别读写器传输来的微波信号,以及通过电磁感应线圈获取能量来对自身短暂供电,从而完成此次信息交换。因为省去了供电系统,所以无源 RFID 产品的体积可以达到厘米量级甚至更小,而且自身结构简单、成本低、故障率低、使用寿命较长。但缺点是,无源 RFID 的有效识别距离通常较短,一般用于近距离的接触式识别。无源 RFID 主要工作在较低频段 125 kHz、13.56 MHz 等,其典型应用包括公交卡、二代身份证、食堂餐卡等。

1.7.2.2　有源 RFID

有源 RFID 兴起的时间不长,但已在各个领域,尤其是在高速公路电子不停车收费系统中发挥着不可或缺的作用。有源 RFID 通过外接电源供电,主动向射频识别读写器发送信号。其体积相对较大。但也因此拥有了较长的传输距离与较高的传输速度。一个典型的有源 RFID 标签能在百米之外与射频识别读写器建立联系,读取率可达 1 700 read/sec。有源 RFID 主要工作在 900 MHz、2.45 GHz、5.8 GHz 等较高频段,且具有可以同时识别多个标签的功能。有源 RFID 的远距性、高效性,使得它在一些需要高性能、大范围的射频识别应用场合里必不可少。

1.7.2.3　半有源 RFID

无源 RFID 自身不供电,但有效识别距离太短;有源 RFID 识别距离足够长,但需外接电源,且体积较大,而半有源 RFID 就是为这一矛盾而妥协的产物。半有源 RFID 又叫作低频激活触发技术。在通常情况下,半有源 RFID 产品处于休眠状态,仅对标签中保持数据的部分进行供电,因此耗电量较小,可维持较长时间。当标签进入射频识别读写器识别范围后,读写器先现以 125 kHz 低频信号在小范围内精确激活标签使之进入工作状态,再通过 2.4 GHz 微波与其进行信息传递。即是说,先利用低频信号精确定位,再利用高频信号快速传输数据。其通常应用场景为:在一个高频信号所能覆盖的大范围中,在不同位置安置多个低频读写器用于激活半有源 RFID 产品。这样既完成了定位,又实现了信息的采集与传递。

1.7.3　RFID 的特点

通常来说,RFID 具有如下特性:

(1)适用性。RFID 依靠电磁波,并不需要连接双方的物理接触。这使得它能够无视尘、雾、塑料、纸张、木材及各种障碍物建立连接,直接完成通信。

(2)高效性。RFID 系统的读写速度极快,一次典型的 RFID 传输过程通常不到 100 ms。高频段的 RFID 读写器甚至可以同时识别、读取多个标签的内容,极大地提高了信息传输效率。

(3)独一性。每个 RFID 电子标签都是独一无二的,通过 RFID 电子标签与产品的一一对应关系,可以清楚地跟踪每一件产品的后续流通情况。

(4)简易性。RFID 电子标签结构简单,识别速率高、所需读取设备简单。尤其是随着 NFC 技术在智能手机上逐渐普及,每个用户的手机都将成为最简单的 RFID 读写器。

1.7.4 电子标签

电子标签又称射频标签、应答器、数据载体。电子标签与读写器之间通过耦合元件实现射频信号的空间(无接触)耦合;在耦合通道内,根据时序关系,实现能量的传递和数据交换。

工作频率:

——125 kHz;

——13.56 MHz;

——915 MHz;

——2.45 GHz;

——5.8 GHz。

1.7.4.1 电子标签系统最基本的组成

(1)标签(Tag)。由耦合元件及芯片组成,每个标签具有唯一的电子编码,高容量电子标签有用户可写入的存储空间,附着在物体上标识目标对象。

(2)读写器(Reader)。是读取(有时还可以写入)标签信息的设备,可设计为手持式或固定式。

(3)天线(Antenna)。在标签和读取器间传递射频信号。

1.7.4.2 电子标签的参数

(1)数据存储容量及存储形式,包括容量,是否可读写以及读写速度。

(2)频率。

(3)通讯协议。

(4)读写功率。

(5)读写距离。

(6)通信速度。

(7)屏蔽能力。

(8)功耗。

(9)尺寸重量。

(10)工作温度。

(11)抗腐蚀性能等。

1.7.5 读写器

RFID 读写器(radio frequency identification),又称为“RFID 阅读器”,即无线射频识别,通过射频识别信号自动识别目标对象并获取相关数据,无须人工干预,可识别高速运动物体,并可同时识别多个 RFID 电子标签,操作快捷方便。RFID 读写器有固定式的和手持式的,手持 RFID 读写器包含有低频、高频、超高频、有源等。读写器的主要功能如下:

(1)RFID 不同频道的读写。

(2)WiFi/GPRS/蓝牙无线数据传输。

(3)GPS 定位。

(4)摄像头摄像。

(5)支持条形码扫描。

(6)指纹识别。

(7)蓝牙。

(8)电子卡识别。

(9)身份证识别。

(10)RFID 电子标签。

RFID 读写器通过天线与 RFID 电子标签进行无线通信,可以实现对标签识别码和内存数据的读出或写入操作。

发生在 RFID 读写器和 RFID 电子标签之间的射频信号的耦合类型有以下两种。

(1)电感耦合。变压器模型,通过空间高频交变磁场实现耦合,依据的是电磁感应定律。

(2)电磁反向散射耦合。雷达原理模型,发射出去的电磁波碰到目标后反射,同时携带回目标信息,依据的是电磁波的空间传播规律。

1.7.6 RFID 中的天线技术

RFID 标签天线是 RFID 电子标签的应答器天线,是一种通信感应天线。一般与芯片组成完整的 RFID 电子标签应答器。RFID 标签天线由于材质与制造工艺不同,分为金属蚀刻天线、印刷天线、镀铜天线等几种。

RFID 系统天线一般分为电子标签天线设计和读写器天线两大类。

不同工作频段的 RFID 系统天线设计各有特点。对于 LF 频段和 HF 频段,系统采用电感耦合方式工作,电子标签所需的工作能量通过电感耦合方式由读写器的耦合线圈辐射近场获得,一般为无源系统,工作距离较小,不大于 1 m。在读写器的近场实际上不涉及电磁波传播的问题,天线设计比较简单。

1.7.6.1 天线的功能

(1)天线应能将导波能量尽可能多地转变为电磁波能量。

(2)天线应使电磁波尽可能集中于确定的方向上,或对确定方向的来波实现最大限度的接收。

(3)天线应能发射或接收规定极化的电磁波,即天线有适当的极化。

(4)天线应有足够的工作频带。

把天线和发射机或接收机连接起来的系统称为馈线系统。

1.7.6.2 天线的电参数

天线的基本功能就是能量转换和定向辐射,所谓天线的电参数,就是能定量表征其能量转换和定向辐射能力的量。

1. 天线的方向性

天线的方向性是衡量天线将能量向所需方向辐射的能力。

1)主瓣宽度

主瓣宽度是衡量天线最大辐射区域的程度的物理量,越宽越好。

2)旁瓣电平

旁瓣电平是指离主瓣最近且电平最高的第一旁瓣的电平。实际上,旁瓣区是不需要辐射的区域,所以其电平越低越好。

3)方向系数

方向系数是指在离天线某一距离处,天线在最大辐射方向上的辐射功率流密度与相同辐射功率的理想无方向性天线在同一距离处的辐射功率流密度之比。这是方向性中最重要的指标,能精确比较不同天线的方向性,表示了天线集束能量的电参数。

2. 天线效率

天线效率定义为天线辐射功率与输入功率之比。

3. 增益系数

增益系数是综合衡量天线能量转换和方向特性的参数,它的定义为:方向系数与天线效率的乘积。

4. 极化方向

极化特性,是指天线在最大辐射方向上电场矢量的方向随时间变化的规律。

极化方向,就是天线电场的方向。天线的极化方式有线极化(水平极化和垂直极化)和圆极化(左旋极化和右旋极化)等方式。

5. 频带宽度

天线的电参数都与频率有关,也就是说,上述电参数都是针对某一工作频率设计的,当工作频率偏离设计频率时,往往要引起天线参数的变化。当工作频率变化时,天线的有关电参数不应超出规定的范围,这一频率范围称为频带宽度,简称为天线的带宽。

6. 输入阻抗

对于发信机来说,天线是一个负载,如何使天线能最多地摄取能量,就要解决一个匹配问题。只有当天线本身的阻抗与发信机的阻抗相等时,才能得到最大的发射功率。

7. 有效长度

有效长度是衡量天线辐射能力的又一个重要指标。

天线的有效长度定义如下:在保持实际天线最大辐射方向上的场强值不变的条件下,假设天线上电流分布为均匀分布时天线的等效长度。有效长度越长,表明天线的辐射能力越强。

8. 等效噪声温度

接收天线的等效噪声温度是反映天线接收微弱信号性能的重要电参数。

接收天线把从周围空间接收到的噪声功率送到接收机的过程类似于噪声电阻把噪声

功率输送给与其相连的电阻网络。因此,接收天线等效为一个温度为 T_a 的电阻。T_a 越高,天线送至接收机的噪声越大,反之越小。

1.8 RFID中间件

为解决分布异构问题,提出了中间件(middleware)的概念。中间件是位于平台(硬件和操作系统)和应用之间的通用服务,这些服务具有标准的程序接口和协议。针对不同的操作系统和硬件平台,它们可以有符合接口和协议规范的多种实现方式。RFID 中间件扮演 RFID 标签和应用程序之间的中介角色,从应用程序端使用中间件所提供一组通用的应用程序接口(API),即能连到 RFID 读写器,读取 RFID 电子标签数据。

1.8.1 RFID 中间件的作用

(1)满足大量应用的需要。

(2)运行于多种硬件和 OS 平台。

(3)支持分布计算,提供跨网络、硬件和 OS 平台透明性的应用或服务的交互。

(4)支持标准的协议。

(5)支持标准的接口。

1.8.2 RFID 中间件的特点

(1)独立于架构(insulation infrastructure)。RFID 中间件独立并介于 RFID 读写器与后端应用程序之间,并且能够与多个 RFID 读写器及多个后端应用程序连接,以减轻架构与维护的复杂性。

(2)数据流(data flow)。RFID 的主要目的在于将实体对象转换为信息环境下的虚拟对象,因此数据处理是 RFID 最重要的功能。RFID 中间件具有数据的搜集、过滤、整合与传递等特性,以便将正确的对象信息传到企业后端的应用系统。

(3)处理流(process flow)。RFID 中间件采用程序逻辑及存储再转送(store-and-forward)的功能来提供顺序的消息流,具有数据流设计与管理的能力。

(4)标准(standard)。RFID 为自动数据采样技术与辨识实体对象的应用。EPC global 正在研究为各种产品的全球唯一识别号码提出通用标准,即 EPC(产品电子编码)。EPC 是在供应链系统中,以一串数字来识别一项特定的商品,通过无线 RFID 电子标签由 RFID 读写器读入后,传送到计算机或是应用系统中的过程称为对象命名服务(object name service)。对象命名服务系统会锁定计算机网络中的固定点抓取有关商品的消息。EPC 存放在 RFID 电子标签中,被 RFID 读写器读出后,即可提供追踪 EPC 所代表的物品名称及相关信息,并立即识别及分享供应链中的物品数据,有效率地提供信息透明度。

RFID 中间件可以从架构上分为以下两种:

(1)以应用程序为中心(application centric)的设计概念是通过 RFID 读写器厂商提供的 API,以 Hot Code 方式直接编写特定读写器读取数据的 Adapter,并传送至后端系统的应用程序或数据库，从而达成与后端系统或服务串接的目的。

（2）以架构为中心（infrastructure centric）。随着企业应用系统的复杂度增高，企业无法负荷以 Hot Code 方式为每个应用程式编写 Adapter，同时面对对象标准化等问题，企业可以考虑采用厂商所提供的标准规格的 RFID 中间件。这样一来，即使存储 RFID 电子标签情报的数据库软件改由其他软件代替，或读写 RFID 电子标签的 RFID 读写器种类增加等情况发生时，应用端不做修改也能应付。

第2章　传感技术

在研究自然现象、探索自然规律以及在进行实际的生产活动中，人的感觉器官的作用受到很大程度上的限制。为了改变这种情况，更加深入地去探索自然，增强人类的能力，更加准确地把握自然特性，必须借助先进的技术和设备。传感器是人类五官的延长，是人们依赖的先进技术和设备。

在利用信息的过程中，首先要解决的就是要获取准确可靠的信息，而传感器是获取自然和生产领域中信息的主要途径与手段。

在现代工业生产尤其是自动化生产过程中，要用各种传感器来监视和控制生产过程中的各个参数，使设备工作在正常状态或最佳状态，并使产品达到最好的质量。因此可以说，没有众多优良的传感器，现代化生产也就失去了基础。

在基础学科研究中，传感器具有更突出的地位。现代科学技术的发展进入了许多新领域，例如在宏观上要观察上千光年的茫茫宇宙，微观上要观察小到飞米的粒子世界，纵向上要观察长达数十万年的天体演化，短到秒的瞬间反应。此外，还出现了对深化物质认识、开拓新能源、新材料等具有重要作用的各种极端技术研究，如超高温、超低温、超高压、超高真空、超强磁场、超弱磁场等。显然，要获取大量人类感官无法直接获取的信息，没有相适应的传感器是不可能的。许多基础科学研究的障碍，首先就在于对象信息的获取存在困难，而一些新机制和高灵敏度的检测传感器的出现，往往会导致该领域内的突破。一些传感器的发展，往往是一些边缘学科开发的先驱。

传感器早已渗透到诸如工业生产、宇宙开发、海洋探测、环境保护、资源调查、医学诊断、生物工程甚至文物保护等极其之泛的领域。可以毫不夸张地说，从茫茫的太空，到浩瀚的海洋，以至各种复杂的工程系统，几乎每一个现代化项目，都离不开各种各样的传感器。

传感器技术在发展经济、推动社会进步方面的重要作用是十分明显的。世界各国都十分重视这一领域的发展。相信不久的将来，传感器技术将会出现一个飞跃，达到与其重要地位相称的新水平。

传感器技术是实现物联网的重要部分。

2.1　传感器概述

传感器是能感受规定的被测量并将其按照一定的规律(数学函数法则)转换成可用信号的器件或装置，通常由敏感元件和转换元件组成。

传感器(transducer/sensor)是一种检测装置，能感受到被测量的信息，并能将感受到的信息，按一定规律变换成为电信号或其他所需形式的信息输出，以满足信息的传输、处理、存储、显示、记录和控制等要求。

2.1.1 传感器的特点

传感器的特点包括:微型化、数字化、智能化、多功能化、系统化、网络化。它是实现自动检测和自动控制的首要环节。传感器的存在和发展,让物体有了触觉、味觉和嗅觉等感官,让物体慢慢变得“活”了起来。通常根据其基本感知功能分为热敏元件、光敏元件、气敏元件、力敏元件、磁敏元件、湿敏元件、声敏元件、放射线敏感元件、色敏元件和味敏元件等10大类(还有人曾将敏感元件分46类)。

2.1.2 传感器的组成

传感器一般由敏感元件、转换元件、变换电路和辅助电源4部分组成,见图2-1。

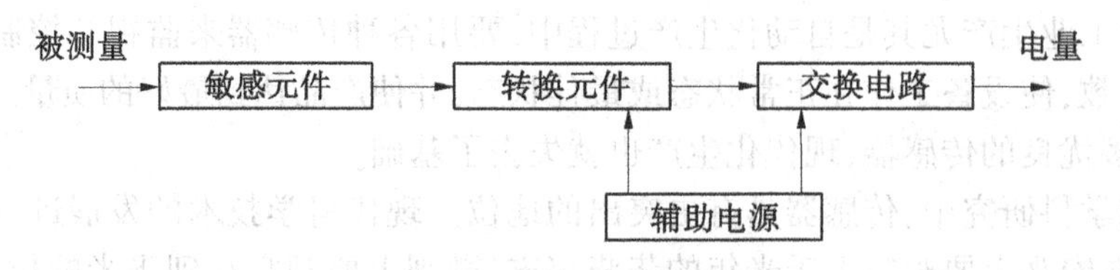

图2-1 传感器的组成

敏感元件直接感受被测量,并输出与被测量有确定关系的物理量信号;转换元件将敏感元件输出的物理量信号转换为电信号;变换电路负责对转换元件输出的电信号进行放大调制;转换元件和变换电路一般还需要辅助电源供电。

2.1.3 主要功能

(1)常将传感器的功能与人类5大感觉器官相比拟:

光敏传感器——视觉;

声敏传感器——听觉;

气敏传感器——嗅觉;

味敏传感器——味觉;

压敏、温敏、流体传感器——触觉。

(2)敏感元件的分类:

物理类,基于力、热、光、电、磁和声等物理效应。

化学类,基于化学反应的原理。

生物类,基于酶、抗体和激素等分子识别功能。

(3)玻璃封装连接器优点:广泛应用于露点仪、电力设备、物联网设备、航空航天连接器、煤炭开采和石油勘探设备,实现数据的采集和传输,且具有良好的焊接性能。

2.1.4 传感器分类

2.1.4.1 电阻式传感器

电阻式传感器是将被测量,如位移、形变、力、加速度、湿度、温度等物理量转换成电阻值的一种器件。主要有电阻应变式、压阻式、热电阻、热敏、气敏、湿敏等电阻式传感器件。

2.1.4.2 变频功率传感器

变频功率传感器通过对输入的电压、电流信号进行交流采样,再将采样值通过电缆、光纤等传输系统与数字量输入二次仪表相连,数字量输入二次仪表对电压、电流的采样值进行运算,可以获取电压有效值、电流有效值、基波电压、基波电流、谐波电压、谐波电流、有功功率、基波功率、谐波功率等参数。

2.1.4.3 称重传感器

称重传感器是一种能够将重力转变为电信号的力-电转换装置,是电子衡器的一个关键部件。

能够实现力-电转换的传感器有多种,常见的有电阻应变式、电磁力式和电容式等。电磁力式主要用于电子天平,电容式用于部分电子吊秤,而绝大多数衡器产品所用的还是电阻应变式称重传感器。电阻应变式称重传感器结构较简单、准确度高、适用面广,且能够在相对比较差的环境下使用。因此,电阻应变式称重传感器在衡器中得到了广泛地运用。

2.1.4.4 电阻应变式传感器

传感器中的电阻应变片具有金属的应变效应,即在外力作用下产生机械形变,从而使电阻值随之发生相应的变化。电阻应变片主要有金属和半导体两类:金属应变片有金属丝式、箔式、薄膜式之分;半导体应变片具有灵敏度高(通常是金属丝式、箔式的几十倍)、横向效应小等优点。

2.1.4.5 压阻式传感器

压阻式传感器是根据半导体材料的压阻效应在半导体材料的基片上经扩散电阻而制成的器件。其基片可直接作为测量传感元件,扩散电阻在基片内接成电桥形式。当基片受到外力作用而产生形变时,各电阻值将发生变化,电桥就会产生相应的不平衡输出。

用作压阻式传感器的基片(或称膜片)材料主要为硅片和锗片,硅片为敏感材料而制成的硅压阻传感器越来越受到人们的重视,尤其是以测量压力和速度的固态压阻式传感器应用最为普遍。

2.1.4.6 热电阻传感器

热电阻测温是基于金属导体的电阻值随温度的增加而增加这一特性来进行温度测量的。

热电阻大都由纯金属材料制成,应用最多的是铂和铜,此外,已开始采用镍、锰和铑等材料制造热电阻。

热电阻传感器主要是利用电阻值随温度变化而变化这一特性来测量温度及与温度有关的参数。在温度检测精度要求比较高的场合,这种传感器比较适用。较为广泛的热电阻材料为铂、铜、镍等,它们具有电阻温度系数大、线性好、性能稳定、使用温度范围宽、加工容易等特点。用于测量-200~+500 ℃的温度。

2.1.4.7 热电阻传感器分类

1. NTC 热电阻传感器

该类传感器为负温度系数传感器,即传感器阻值随温度的升高而减小。

2. PTC 热电阻传感器

该类传感器为正温度系数传感器，即传感器阻值随温度的升高而增大。

3. 激光传感器

该类传感器为利用激光技术进行测量的传感器。

它由激光器、激光检测器和测量电路组成。激光传感器是新型测量仪表，它的优点是能实现无接触远距离测量，速度快，精度高，量程大，抗光、电干扰能力强等。

激光传感器工作时，先由激光发射二极管对准目标发射激光脉冲。经目标反射后激光向各方向散射。部分散射光返回到传感器接收器，被光学系统接收后成像到雪崩光电二极管上。雪崩光电二极管是一种内部具有放大功能的光学传感器，因此它能检测极其微弱的光信号，并将其转化为相应的电信号。

利用激光的高方向性、高单色性和高亮度等特点可实现无接触远距离测量。激光传感器常用于长度、距离、振动、速度、方位等物理量的测量，还可用于探伤和大气污染物的监测等。

4. 霍尔传感器

霍尔传感器是根据霍尔效应制作的一种磁场传感器，广泛地应用于工业自动化技术、检测技术及信息处理等方面。霍尔效应是研究半导体材料性能的基本方法。通过霍尔效应实验测定的霍尔系数，能够判断半导体材料的导电类型、载流子浓度及载流子迁移率等重要参数。

霍尔传感器分为线性型霍尔传感器和开关型霍尔传感器两种。

（1）线性型霍尔传感器由霍尔元件、线性放大器和射极跟随器组成，它输出模拟量。

（2）开关型霍尔传感器由稳压器、霍尔元件、差分放大器、斯密特触发器和输出级组成，它输出数字量。

霍尔电压随磁场强度的变化而变化，磁场越强，电压越高，磁场越弱，电压越低。霍尔电压值很小，通常只有几个毫伏，但经集成电路中的放大器放大，就能使该电压放大到足以输出较强的信号。若使霍尔集成电路起传感作用，需要用机械的方法来改变磁场强度。霍尔效应传感器属于被动型传感器，它要有外加电源才能工作，这一特点使它能检测转速低的运转情况。

5. 温度传感器

（1）室温、管温传感器。室温传感器用于测量室内和室外的环境温度，管温传感器用于测量蒸发器和冷凝器的管壁温度。室温传感器和管温传感器的形状不同，但温度特性基本一致。

（2）排气温度传感器。排气温度传感器用于测量压缩机顶部的排气温度。

（3）模块温度传感器。模块温度传感器用于测量变频模块（IGBT 或 IPM）的温度。

温度传感器的种类很多，经常使用的有热电阻：PT100、PT1000、Cu50、Cu100；热电偶：B、E、J、K、S 等。温度传感器不但种类繁多，而且组合形式多样，应根据不同的场所选用合适的产品。

测温原理：根据电阻阻值、热电偶的电势随温度不同发生有规律的变化的原理，可以得到所需要测量的温度值。

(4)无线温度传感器。将控制对象的温度参数变成电信号,并对接收终端发送无线信号,对系统实行检测、调节和控制。可直接安装在一般工业热电阻、热电偶的接线盒内,与现场传感元件构成一体化结构。通常和无线中继、接收终端、通信串口、电子计算机等配套使用,这样不仅节省了补偿导线和电缆,而且减少了信号传递失真和干扰,从而获得了高精度的测量结果。

无线温度传感器广泛应用于化工、冶金、石油、电力、水处理、制药、食品等自动化行业。例如,高压电缆上的温度采集;水下等恶劣环境的温度采集;运动物体上的温度采集;不易连线通过的空间传输传感器数据;单纯为降低布线成本选用的数据采集方案;没有交流电源的工作场合的数据测量;便携式非固定场所的数据测量。

6. 智能传感器

智能传感器的功能是通过模拟人的感官和大脑的协调动作,结合长期以来测试技术的研究和实际经验而提出来的,是一个相对独立的智能单元,它的出现对原来硬件性能苛刻要求有所减轻,而靠软件帮助可以使传感器的性能大幅度提高。

(1)信息存储和传输。随着全智能集散控制系统(smart distributed system)的飞速发展,对智能单元要求具备通信功能,用通信网络以数字形式进行双向通信,这也是智能传感器关键标志之一。智能传感器通过测试数据传输或接收指令来实现各项功能。如增益的设置、补偿参数的设置、内检参数设置、测试数据输出等。

(2)自补偿和计算功能。多年来从事传感器研制的工程技术人员一直为传感器的温度漂移和输出非线性做了大量的补偿工作,但都没有从根本上解决问题。而智能传感器的自补偿和计算功能为传感器的温度漂移和非线性补偿开辟了新的道路。这样,放宽传感器加工精密度要求,只要能保证传感器的重复性好,利用微处理器对测试的信号通过软件计算,采用多次拟合和差值计算方法对漂移和非线性进行补偿,从而能获得较精确的测量结果。

(3)自检、自校、自诊断功能。普通传感器需要定期检验和标定,以保证它在正常使用时具有足够的准确度,这些工作一般要求将传感器从使用现场拆卸送到实验室或检验部门进行。对于在线测量传感器出现异常则不能及时诊断,采用智能传感器情况则大有改观,首先自诊断功能在电源接通时进行自检,诊断测试以确定组件有无故障;其次根据使用时间可以在线进行校正,微处理器利用存在 EPROM 内的计量特性数据进行对比校对。

(4)复合敏感功能。观察周围的自然现象,常见的信号有声、光、电、热、力、化学等。敏感元件测量一般通过两种方式:直接和间接的测量。而智能传感器具有复合功能,能够同时测量多种物理量和化学量,给出能够较全面反映物质运动规律的信息。

7. 光敏传感器

光敏传感器是最常见的传感器之一,它的种类繁多,主要有光电管、光电倍增管、光敏电阻、光敏三极管、太阳能电池、红外线传感器、紫外线传感器、光纤式光电传感器、色彩传感器、CCD 和 CMOS 图像传感器等。它的敏感波长在可见光波长附近,包括红外线波长和紫外线波长。光传感器不只局限于对光的探测,它还可以作为探测元件组成其他传感器,对许多非电量进行检测,只要将这些非电量转换为光信号的变化即可。光传感器是产量最多、应用最广的传感器之一,它在自动控制和非电量电测技术引中占有非常重要的地位。最简单的光敏传感器是光敏电阻,当光子冲击接合处就会产生电流。

2.1.4.8 生物传感器

1. 生物传感器的概念

生物传感器是用生物活性材料(酶、蛋白质、DNA、抗体、抗原、生物膜等)与物理化学换能器有机结合的一门交叉学科,是发展生物技术必不可少的一种先进的检测与监控方法,也是物质分子水平的快速、微量分析方法。各种生物传感器有以下共同的结构:包括一种或数种相关生物活性材料(生物膜)及能把生物活性表达的信号转换为电信号的物理或化学换能器(传感器),二者组合在一起,用现代微电子和自动化仪表技术进行生物信号的再加工,构成各种可以使用的生物传感器分析装置、仪器和系统。

2. 生物传感器的原理

待测物质经扩散作用进入生物活性材料,经分子识别,发生生物学反应,产生的信息继而被相应的物理或化学换能器转变成可定量和可处理的电信号,再经二次仪表放大并输出,便可知道待测物浓度。

3. 生物传感器的分类

按照其感受器中所采用的生命物质分类,可分为微生物传感器、免疫传感器、组织传感器、细胞传感器、酶传感器、DNA 传感器等。

按照传感器器件检测的原理分类,可分为热敏生物传感器、场效应管生物传感器、压电生物传感器、光学生物传感器、声波道生物传感器、酶电极生物传感器、介体生物传感器等。

按照生物敏感物质相互作用的类型分类,可分为亲和型和代谢型两种。

2.1.4.9 视觉传感器

1. 工作原理

视觉传感器是指具有从一整幅图像捕获光线的数以千计像素的能力,图像的清晰和细腻程度常用分辨率来衡量,以像素数量表示。

在捕获图像之后,视觉传感器将其与内存中存储的基准图像进行比较,以做出分析。例如,若视觉传感器被设定为辨别正确地插有八颗螺栓的机器部件,则传感器知道应该拒收只有七颗螺栓的部件,或者螺栓未对准的部件。此外,无论该机器部件位于视场中的哪个位置,无论该部件是否在 360°范围内旋转,视觉传感器都能做出判断。

2. 应用领域

视觉传感器的低成本和易用性已吸引机器设计师和工艺工程师将其集成入各类曾经依赖人工、多个光电传感器,或根本不检验的应用。视觉传感器的工业应用包括检验、计量、测量、定向、瑕疵检测和分捡。

2.1.4.10 位移传感器

位移传感器又称为线性传感器,是把位移转换为电量的传感器。位移传感器是一种属于金属感应的线性器件,传感器的作用是把各种被测物理量转换为电量。它分为电感式位移传感器、电容式位移传感器、光电式位移传感器、超声波式位移传感器、霍尔式位移传感器。

在这种转换过程中有许多物理量(例如压力、流量、加速度等)常常需要先变换为位移,然后再将位移变换成电量。因此,位移传感器是一类重要的基本传感器。在生产过程中,位移的测量一般分为测量实物尺寸和机械位移两种。机械位移包括线位移和角位移。按被测变量变换的形式不同,位移传感器可分为模拟式和数字式两种。模拟式又可分为物性型(如自发电式)和结构型两种。常用的位移传感器以模拟式结构型居多,包括电位器式位移传感器、电感式位移传感器、自整角机、电容式位移传感器、电涡流式位移传感器、霍尔式位移传感器等。数字式位移传感器的一个重要优点是便于将信号直接送入计算机系统,发展迅速,应用日益广泛。

2.1.4.11　压力传感器

压力传感器是工业实践中最为常用的一种传感器,其广泛应用于各种工业自控环境,涉及水利水电、铁路交通、智能建筑、生产自控、航空航天、军工、石化、油井、电力、船舶、机床、管道等众多行业。

2.1.4.12　超声波测距离传感器

超声波测距离传感器采用超声波回波测距原理,运用精确的时差测量技术,检测传感器与目标物之间的距离,采用小角度、小盲区超声波传感器,具有测量准确、无接触、防水、防腐蚀、低成本等优点,可用于液位、物位检测,特有的液位、料位检测方式可保证在液面有泡沫或大的晃动,不易检测到回波的情况下有稳定的输出,应用行业:液位、物位、料位检测,工业过程控制等。

2.1.4.13　24 GHz 雷达传感器

24 GHz 雷达传感器采用高频微波来测量物体的运动速度、距离、运动方向、方位角度信息,采用平面微带天线设计,具有体积小、质量轻、灵敏度高、稳定性强等特点,广泛运用于智能交通、工业控制、安防、体育运动、智能家居等行业。工业和信息化部 2012 年 11 月 19 日正式发布了《工业和信息化部关于发布 24 GHz 频段短距离车载雷达设备使用频率的通知》(工信部无〔2012〕548 号),明确提出 24 GHz 频段短距离车载雷达设备作为车载雷达设备的规范。

2.1.4.14　一体化温度传感器

一体化温度传感器一般由测温探头(热电偶或热电阻传感器)和两线制固体电子单元组成。采用固体模块形式将测温探头直接安装在接线盒内,从而形成一体化的传感器。一体化温度传感器一般分为热电阻和热电偶两种类型。

(1)热电阻温度传感器是由基准单元、R/V 转换单元、线性电路、反接保护、限流保护、V/I 转换单元等组成。测温热电阻信号转换放大后,再由线性电路对温度与电阻的非线性关系进行补偿,经 V/I 转换电路后输出一个与被测温度成线性关系的 4~20 mA 的恒流信号。

(2)热电偶温度传感器一般由基准源、冷端补偿、放大单元、线性化处理、V/I 转换、断偶处理、反接保护、限流保护等电路单元组成。它是将热电偶产生的热电势经冷端补偿放大后,再由线性电路消除热电势与温度的非线性误差,最后放大转换为 4~20 mA 电流输出信号。为防止热电偶测量中由于电偶断丝而使控温失效造成事故,传感器中还设有断电保护电路。当热电偶断丝或接触不良时,传感器会输出最大值(28 mA)以使仪表切断电源。一体化温度传感器具有结构简单、节省引线、输出信号大、抗干扰能力强、线性好、显示仪表简单、固体模块抗震防潮、有反接保护和限流保护、工作可靠等优点。一体化温度传感器的输出为统一的4~20 mA信号;可与微机系统或其他常规仪表匹配使用。也可按用户要求做成防爆型或防火型测量仪表。

2.1.4.15 液位传感器

1. 浮球式液位传感器

浮球式液位传感器由磁性浮球、测量导管、信号单元、电子单元、接线盒及安装件组成。

一般磁性浮球的比重小于0.5,可漂于液面之上并沿测量导管上下移动。导管内装有测量元件,它可以在外磁作用下将被测液位信号转换成正比于液位变化的电阻信号,并将电子单元转换成4~20 mA或其他标准信号输出。该传感器为模块电路,具有耐酸、防潮、防震、防腐蚀等优点,电路内部含有恒流反馈电路和内保护电路,可使输出最大电流不超过28 mA,因而能够可靠地保护电源并使二次仪表不被损坏。

2. 浮筒式液位传感器

浮筒式液位传感器将磁性浮球改为浮筒,是根据阿基米德浮力原理设计的。浮筒式液位传感器是利用微小的金属膜应变传感技术来测量液体的液位、界位或密度的。它在工作时可以通过现场按键来进行常规的设定操作。

3. 静压式液位传感器

静压式液位传感器利用液体静压力的测量原理工作。它一般选用硅压力测压传感器将测量到的压力转换成电信号,再经放大电路放大和补偿电路补偿,最后以4~20 mA或0~10 mA电流方式输出。

2.1.4.16 真空度传感器

真空度传感器采用先进的硅微机械加工技术生产,以集成硅压阻力敏元件作为传感器的核心元件制成的绝对压力变送器,由于采用硅-硅直接键合或硅-派勒克斯玻璃静电键合形成的真空参考压力腔,以及一系列无应力封装技术及精密温度补偿技术,因而具有稳定性优良、精度高的突出优点,适用于各种情况下绝对压力的测量与控制。

真空度传感器特点及用途如下所述:

采用低量程芯片真空绝压封装,产品具有高的过载能力。芯片采用真空充注硅油隔离,不锈钢薄膜过渡传递压力,具有优良的介质兼容性,适用于对316L不锈钢不腐蚀的绝大多数气液体介质真空压力的测量。真空度传感器应用于各种工业环境的低真空测量与控制。

2.1.4.17 电容式物位传感器

电容式物位传感器适用于工业、企业在生产过程中进行测量和控制生产的过程,主要用作类导电与非导电介质的液体液位或粉粒状固体料位的远距离连续测量和指示。

电容式物位传感器由电容式传感器与电子模块电路组成,它以两线制4~20 mA恒定电流输出为基型,经过转换,可以用三线或四线方式输出,输出信号形成为1~5 V、0~5 V、0~10 mA等标准信号。电容式传感器由绝缘电极和装有测量介质的圆柱形金属容器组成。当料位上升时,因非导电物料的介电常数明显小于空气的介电常数,所以电容量随着物料高度的变化而变化。传感器的模块电路由基准源、脉宽调制、转换、恒流放大、反馈和限流等单元组成。采用脉宽调特原理进行测量的优点是频率较低,对周围无射频干扰、稳定性好、线性好、无明显温度漂移等。

2.1.4.18　锑电极酸度传感器

锑电极酸度传感器是集 pH 检测、自动清洗、电信号转换为一体的工业在线分析仪表,它是由锑电极与参考电极组成的 pH 测量系统。在被测酸性溶液中,由于锑电极表面会生成三氧化二锑氧化层,这样在金属锑面与三氧化二锑之间会形成电位差。该电位差的大小取决于三氧化二锑的浓度,该浓度与被测酸性溶液中氢离子的适度相对应。如果把锑、三氧化二锑和水溶液的适度都当作 1,其电极电位就可用能斯特公式计算出来。

锑电极酸度传感器中的固体模块电路由两大部分组成。为了现场作用的安全起见,电源部分采用交流 24 V 为二次仪表供电。这一电源除为清洗电机提供驱动电源外,还应通过电流转换单元转换成相应的直流电压,以供变送电路使用。第二部分是测量传感器电路,它把来自传感器的基准信号和 pH 酸度信号经放大后送给斜率调整和定位调整电路,以使信号内阻降低并可调节。将放大后的 pH 信号与温度补偿信号进行叠加后再差进转换电路,最后输出与 pH 相对应的 4~20 mA 恒流电流信号给二次仪表以完成显示并控制 pH。

2.1.4.19　酸、碱、盐浓度传感器

酸、碱、盐浓度传感器通过测量溶液电导值来确定浓度。它可以在线连续检测工业过程中酸、碱、盐在水溶液中的浓度含量。这种传感器主要应用于锅炉给水处理、化工溶液的配制及环保等工业生产过程。

酸、碱、盐浓度传感器的工作原理是:在一定的范围内,酸、碱溶液的浓度与其电导率的大小成比例。因而,只要测出溶液电导率的大小便可得知酸、碱浓度的高低。当被测溶液流入专用电导池时,如果忽略电极极化和分布电容,则可以等效为一个纯电阻。在有恒压交变电流流过时,其输出电流与电导率成线性关系,而电导率又与溶液中酸、碱浓度成比例关系。因此,只要测出溶液电流,便可算出酸、碱、盐的浓度。

酸、碱、盐浓度传感器主要由电导池、电子模块、显示表头和壳体组成。电子模块电路则由激励电源、电导池、电导放大器、相敏整流器、解调器、温度补偿、过载保护和电流转换等单元组成。

2.1.4.20　电导传感器

电导传感器是通过测量溶液的电导值来间接测量离子浓度的流程仪表(一体化传感器),可在线连续检测工业过程中水溶液的电导率。

由于电解质溶液与金属导体同样是电的良导体,因此电流流过电解质溶液时必有电阻作用,且符合欧姆定律。但液体的电阻温度特性与金属导体相反,具有负向温度特性。为区别于金属导体,电解质溶液的导电能力用电导(电阻的倒数)或电导率(电阻率的倒数)来表示。当两个互相绝缘的电极组成电导池时,若在其中间放置待测溶液,并通以恒压交变电流,就形成了电流回路。如果将电压大小和电极尺寸固定,则回路电流与电导率就存在一定的函数关系。这样,测了待测溶液中流过的电流,就能测出待测溶液的电导率。电导传感器的结构和电路与酸、碱、盐浓度传感器相同。

2.1.5 传感器的特性

传感器有两类特性:静态特性和动态特性。

2.1.5.1 传感器的静态特性

传感器的静态特性是指对于静态的输入信号,传感器的输出量与输入量之间所具有的相互关系。因为这时输入量和输出量都与时间无关,所以它们之间的关系,即传感器的静态特性可用一个不含时间变量的代数方程,或以输入量作为横坐标,把与其对应的输出量作为纵坐标而画出的特性曲线来描述。表征传感器静态特性的主要参数有线性度、灵敏度、迟滞、重复性、漂移等。

(1)线性度。指传感器输出量与输入量之间的实际关系曲线偏离拟合直线的程度。定义为在全量程范围内实际特性曲线与拟合直线之间的最大偏差值与满量程输出值之比。

(2)灵敏度。是传感器静态特性的一个重要指标。其定义为输出量的增量与引起该增量的相应输入量增量之比。用 S 表示灵敏度。

(3)迟滞。传感器在输入量由小到大(正行程)及输入量由大到小(反行程)变化期间其输入输出特性曲线不重合的现象称为迟滞。对于同一大小的输入信号,传感器的正反行程输出信号大小不相等,这个差值称为迟滞差值。

(4)重复性。是指传感器在输入量按同一方向作全量程连续多次变化时,所得特性曲线不一致的程度。

(5)漂移。在输入量不变的情况下,传感器输出量随时间变化,此现象称为漂移。产生漂移的原因有两个方面:一是传感器自身结构参数;二是周围环境(如温度、湿度等)。

(6)分辨力。当传感器的输入从非零值缓慢增加时,在超过某一增量后输出发生可观测的变化,这个输入增量称传感器的分辨力,即最小输入增量。

(7)阈值。当传感器的输入从零值开始缓慢增加时,在达到某一值后输出发生可观测的变化,这个输入值称传感器的阈值电压。

2.1.5.2 传感器的动态特性

所谓动态特性,是指传感器在输入变化时其输出的特性。在实际工作中,传感器的动态特性常用它对某些标准输入信号的响应来表示。这是因为传感器对标准输入信号的响应容易用实验方法求得,并且它对标准输入信号的响应与它对任意输入信号的响应之间存在一定的关系,往往知道了前者就能推定后者。最常用的标准输入信号有阶跃信号和正弦信号两种,所以传感器的动态特性也常用阶跃响应和频率响应来表示。

(1)线性度。

通常情况下,传感器的实际静态特性输出是一条曲线而非直线。在实际工作中,为使仪表具有均匀刻度的读数,常用一条拟合直线近似地代表实际的特性曲线,线性度(非线性误差)就是这个近似程度的一个性能指标。

拟合直线的选取有多种方法。如将零输入和满量程输出点相连的理论直线作为拟合直线;或将与特性曲线上各点偏差的平方和为最小的理论直线作为拟合直线,此拟合直线称为最小二乘法拟合直线。

(2)灵敏度。

灵敏度是指传感器在稳态工作情况下输出-输入特性曲线的斜率。如果传感器的输出和输入之间是线性关系,则灵敏度 S 是一个常数;否则,它将随输入量的变化而变化。

灵敏度的量纲是输出量、输入量的量纲之比。当传感器的输出量、输入量的量纲相同时,灵敏度可理解为放大倍数。

提高灵敏度,可得到较高的测量精度。但灵敏度越高,测量范围越窄,稳定性也往往越差。

(3)分辨率。

分辨率是指传感器可感受到的被测量的最小变化的能力。也就是说,如果输入量从某一非零值缓慢地变化,当输入变化值未超过某一数值时,传感器的输出不会发生变化,即传感器对此输入量的变化是分辨不出来的。只有当输入量的变化超过分辨率时,其输出才会发生变化。

通常传感器在满量程范围内各点的分辨率并不相同,因此常用满量程中能使输出量产生阶跃变化的输入量中的最大变化值作为衡量分辨率的指标。上述指标若用满量程的百分比表示,则称为分辨率。分辨率与传感器的稳定性有负相关性。

2.1.6　传感器的选型原则

要进行一个具体的测量工作,首先要考虑采用何种原理的传感器,这需要分析多方面的因素之后才能确定。因为,即使是测量同一物理量,也有多种原理的传感器可供选用,哪一种原理的传感器更为合适,则需要根据被测量的特点和传感器的使用条件考虑以下一些具体问题:量程的大小;被测位置对传感器体积的要求;测量方式为接触式还是非接触式;信号的引出方法,有线或是非接触测量;传感器的来源,国产还是进口,价格能否承受,还是自行研制。

在考虑上述问题之后就能确定选用何种类型的传感器,然后再考虑传感器的具体性能指标。

2.1.6.1　灵敏度的选择

通常,在传感器的线性范围内,希望传感器的灵敏度越高越好。因为只有灵敏度高时,与被测量变化对应的输出信号的值才比较大,才有利于信号处理。但要注意的是,传感器的灵敏度高,与被测量无关的外界噪声也容易混入,也会被放大系统放大,影响测量精度。因此,要求传感器本身应具有较高的信噪比,尽量减少从外界引入的干扰信号。

传感器的灵敏度是有方向性的。当被测量是单向量,而且对其方向性要求较高时,则应选择其他方向灵敏度小的传感器;如果被测量是多维向量,则要求传感器的交叉灵敏度越小越好。

2.1.6.2　频率响应特性

传感器的频率响应特性决定了被测量的频率范围,必须在允许频率范围内保持不失真。实际上传感器的响应总有一定延迟,希望延迟时间越短越好。

传感器的频率响应越高,可测的信号频率范围就越宽。

在动态测量中,应根据信号的特点(稳态、瞬态、随机等)响应特性,以免产生过大的误差。

2.1.6.3 线性范围

传感器的线性范围是指输出与输入成正比的范围。以理论上讲，在此范围内，灵敏度保持定值。传感器的线性范围越宽，则其量程越大，并且能保证一定的测量精度。在选择传感器时，当传感器的种类确定以后首先要看其量程是否满足要求。

但实际上，任何传感器都不能保证绝对的线性，其线性度也是相对的。当所要求测量精度比较低时，在一定的范围内，可将非线性误差较小的传感器近似看作线性的，这会给测量带来极大的方便。

2.1.6.4 稳定性

传感器使用一段时间后，其性能保持不变的能力称为稳定性。影响传感器长期稳定性的因素除传感器本身结构外，主要是传感器的使用环境。因此，要使传感器具有良好的稳定性，传感器必须要有较强的环境适应能力。

在选择传感器之前，应对其使用环境进行调查，并根据具体的使用环境选择合适的传感器，或采取适当的措施减小环境的影响。

传感器的稳定性有定量指标，超过使用期后，在使用前应重新进行标定，以确定传感器的性能是否发生变化。

在某些要求传感器能长期使用而又不能轻易更换或标定的场合，所选用的传感器稳定性要求更严格，要能够经受住长时间的考验。

2.1.6.5 精度

精度是传感器的一个重要的性能指标，它是关系到整个测量系统测量精度的一个重要环节。传感器的精度越高，其价格越昂贵，因此传感器的精度只要满足整个测量系统的精度要求就可以，不必选得过高。这样就可以在满足同一测量目的的诸多传感器中选择比较便宜和简单的传感器。

如果测量目的是定性分析，选用重复精度高的传感器即可，不宜选用绝对量值精度高的传感器；如果是为了定量分析，必须获得精确的测量值，就需选用精度等级能满足要求的传感器。

对某些特殊使用场合，无法选到合适的传感器，则需自行设计制造传感器。自制传感器的性能应满足使用要求。

2.1.7 常用术语

2.1.7.1 传感器

能感受规定的被测量并将其按照一定的规律转换成可用输出信号的器件或装置。通常由敏感元件和转换元件组成。

2.1.7.2 敏感元件

传感器中能直接（或响应）被测量的部分。

2.1.7.3 转换元件

传感器中能将敏感元件感受（或响应）的被测量转换成由传输和（或）测量的电信号部分。

2.1.7.4 **变送器(transmitter)**

把传感器的输出信号转变为可被控制器识别的信号(或将传感器输入的非电量转换成电信号同时放大以便供远方测量和控制的信号源)的转换器。传感器和变送器一同构成自动控制的监测信号源。不同的物理量需要不同的传感器和相应的变送器。变送器的种类很多,用在工控仪表上面的变送器主要有温度变送器、压力变送器、流量变送器、电流变送器、电压变送器等。

2.1.7.5 **测量范围**

在允许误差限内被测量值的范围。

2.1.7.6 **量程**

测量范围上限值和下限值的代数差。

2.1.7.7 **精确度**

被测量的测量结果与真值间的一致程度。

2.1.7.8 **重复性**

在所有下述条件下,对同一被测的量进行多次连续测量所得结果之间的符合程度:

(1)相同测量方法。

(2)相同观测者。

(3)相同测量仪器。

(4)相同地点。

(5)相同使用条件。

(6)在短时期内的重复。

2.1.7.9 **分辨力**

传感器在规定测量范围内可能检测出的被测量的最小变化量。

2.1.7.10 **阈值**

能使传感器输出端产生可测变化量的被测量的最小变化量。

2.1.7.11 **零位**

使输出的绝对值为最小的状态,例如平衡状态。

2.1.7.12 **激励**

为使传感器正常工作而施加的外部能量(电压或电流)。

2.1.7.13 **最大激励**

在室内条件下,能够施加到传感器上的激励电压或电流的最大值。

2.1.7.14 **输入阻抗**

在输出端短路时,传感器输入端测得的阻抗。

2.1.7.15 **输出**

有传感器产生的与外加被测量成函数关系的电量。

2.1.7.16 **输出阻抗**

在输入端短路时,传感器输出端测得的阻抗。

2.1.7.17 **零点输出**

在室内条件下,所加被测量为零时传感器的输出。

2.1.7.18　**滞后**

在规定的范围内，当被测量值增加和减少时，输出中出现的最大差值。

2.1.7.19　**迟后**

输出信号变化相对于输入信号变化的时间延迟。

2.1.7.20　**漂移**

在一定的时间间隔内，传感器输出中有与被测量无关的不需要的变化量。

2.1.7.21　**零点漂移**

在规定的时间间隔及室内条件下零点输出时的变化。

2.1.7.22　**灵敏度**

传感器输出量的增量与相应的输入量的增量之比。

2.1.7.23　**灵敏度漂移**

由于灵敏度的变化而引起的校准曲线斜率的变化。

2.1.7.24　**热灵敏度漂移**

由于灵敏度的变化而引起的灵敏度漂移。

2.1.7.25　**热零点漂移**

由于周围温度变化而引起的零点漂移。

2.1.7.26　**线性度**

校准曲线与某一规定直线一致的程度。

2.1.7.27　**非线性度**

校准曲线与某一规定直线偏离的程度。

2.1.7.28　**长期稳定性**

传感器在规定的时间内仍能保持不超过允许误差的能力。

2.1.7.29　**固有频率**

在无阻力时，传感器的自由（不加外力）振荡频率。

2.1.7.30　**响应**

输出时被测量变化的特性。

2.1.7.31　**补偿温度范围**

使传感器保持量程和规定极限内的零平衡所补偿的温度范围。

2.1.7.32　**蠕变**

当被测量机器环境条件保持恒定时，在规定时间内输出量的变化。

2.1.7.33　**绝缘电阻**

如无其他规定，指在室温条件下施加规定的直流电压时，从传感器规定绝缘部分之间测得的电阻值。

2.1.7.34　**环境影响**

环境给传感器造成的影响主要有以下几个方面：

（1）高温环境对传感器造成涂覆材料熔化、焊点开化、弹性体内应力发生结构变化等问题。对于高温环境下工作的传感器常采用耐高温传感器；另外，必须加有隔热、水冷或气冷等装置。

(2)粉尘、潮湿对传感器造成短路的影响。在此环境条件下应选用密闭性很高的传感器。不同的传感器其密封的方式是不同的,其密闭性存在着很大差异。

常见的密封有密封胶充填或涂覆、橡胶垫机械紧固密封、焊接(氩弧焊、等离子束焊)和抽真空充氮密封。

从密封效果来看,焊接密封为最佳,充填或涂覆密封胶为最差。对于室内干净、干燥环境下工作的传感器,可选择涂胶密封的传感器,而对于一些在潮湿、粉尘性较高的环境下工作的传感器,应选择膜片热套密封或膜片焊接密封、抽真空充氮密封的传感器。

(3)在腐蚀性较高的环境下,如潮湿、酸性对传感器造成弹性体受损或产生短路等影响,应选择外表面进行过喷塑或有不锈钢外罩、抗腐蚀性能好且密闭性好的传感器。

(4)电磁场对传感器输出紊乱信号的影响。在此情况下,应对传感器的屏蔽性进行严格检查,看其是否具有良好的抗电磁能力。

(5)易燃、易爆不仅对传感器造成彻底性的损害,而且还给其他设备和人身安全造成很大的威胁。因此,在易燃、易爆环境下工作的传感器对防爆性能提出了更高的要求:在易燃、易爆环境下必须选用防爆传感器,这种传感器的密封外罩不仅要考虑其密闭性,还要考虑到防爆强度,以及电缆线引出头的防水、防潮、防爆性等。

2.1.8 与传感器相关的国家标准

与传感器相关的现行国家标准:

《传感器图用图形符号》(GB/T 14479—1993)。

《压力传感器性能试验方法》(GB/T 15478—2015)。

《电容式湿敏元件与湿度传感器总规范》(GB/T 15768—1995)。

《摄像机(PAL/SECAM/NTSC)测量方法 第1部分:非广播单传感器摄像机》(GB/T 15865—1995)。

《振动与冲击传感器的校准方法 声灵敏度测试》(GB/T 13823.17—1996)。

《传感器主要静态性能指标计算方法》(GB/T 18459—2001)。

《电阻应变式压力传感器总规范》(GB/T 18806—2002)。

《光纤传感器 第1部分:总规范》(GB/T 18901.1—2002)。

《无损检测 声发射检测 声发射传感器的二级校准》(GB/T 19801—2005)。

《传感器通用术语》(GB/T 7665—2005)。

《传感器命名法及代码》(GB/T 7666—2005)。

《振动与冲击 机械导纳的试验确定 第1部分:基本术语与定义、传感器特性》(GB/T 11349.1—2018)。

《半导体器件 第14-1部分:半导体传感器-总则和分类》(GB/T 20521—2006)。

《低压开关设备和控制设备 第5-6部分:控制电路电器和开关元件-接近传感器和开关放大器的DC接口(NAMUR)》(GB/T 14048.15—2006)。

《半导体器件 第14-3部分:半导体传感器-压力传感器》(GB/T 20522—2006)。

《振动与冲击传感器校准方法 第11部分:激光干涉法振动绝对校准》(GB/T 20485.11—2006)。

《农业拖拉机和机械 固定在拖拉机上的传感器联接装置 技术规范》(GB/T 20339—2006)。

《振动与冲击传感器校准方法 第21部分:振动比较法校准》(GB/T 20485.21—2007)。

《振动与冲击传感器校准方法 第13部分:激光干涉法冲击绝对校准》(GB/T 20485.13—2007)。

《土工试验仪器 岩土工程仪器 振弦式传感器 通用技术条件》(GB/T 13606—2007)。

《塑料薄膜和薄片水蒸气透过率的测定 电解传感器法》(GB/T 21529—2008)。

《振动与冲击传感器校准方法 第1部分:基本概念》(GB/T 20485.1—2008)。

《振动与冲击传感器校准方法 第12部分:互易法振动绝对校准》(GB/T 20485.12—2008)。

《振动与冲击传感器校准方法 第22部分:冲击比较法校准》(GB/T 20485.22—2008)。

《称重传感器》(GB/T 7551—2008)。

《测量、控制和实验室用电气设备的安全要求 第2部分:电工测量和试验用手持和手操电流传感器的特殊要求》(GB 4793.2—2008)。

《振动与冲击传感器校准方法 加速度计谐振测试 通用方法》(GB/T 13823.20—2008)。

《工业自动化系统与集成 工业应用中的分布式安装 第1部分:传感器和执行器》(GB/T 25110.1—2010)。

《振动与冲击传感器校准方法 第15部分:激光干涉法角振动绝对校准》(GB/T 20485.15—2010)。

《硅压阻式动态压力传感器》(GB/T 26807—2011)。

《振动与冲击传感器的校准方法 第31部分:横向振动灵敏度测试》(GB/T 20485.31—2011)。

《振动与冲击传感器的校准方法 磁灵敏度测试》(GB/T 13823.4—1992)。

《振动与冲击传感器的校准方法 安装力矩灵敏度测试》(GB/T 13823.5—1992)。

《振动与冲击传感器的校准方法 基座应变灵敏度测试》(GB/T 13823.6—1992)。

《振动与冲击传感器的校准方法 横向冲击灵敏度测试》(GB/T 13823.9—1994)。

《振动与冲击传感器的校准方法 安装在钢块上的无阻尼加速度计 共振频率测试》(GB/T 13823.12—1995)。

《振动与冲击传感器的校准方法 离心机法一次校准》(GB/T 13823.14—1995)。

《振动与冲击传感器的校准方法 瞬变温度灵敏度测试法》(GB/T 13823.15—1995)。

《振动与冲击传感器的校准方法 温度响应比较测试法》(GB/T 13823.16—1995)。

《振动与冲击测量 描述惯性式传感器特性的规定》(GB/T 13866—1992)。

2.2　无线传感器网络技术

无线传感器网络是一项通过无线通信技术把数以万计的传感器节点以自由式进行组织与结合进而形成的网络。构成传感器节点的单元分别为:数据采集单元、数据传输单元、数据处理单元及能量供应单元。其中,数据采集单元通常都是采集监测区域内的信息并加以转换,比如光强度及大气压力与湿度等;数据传输单元则主要以无线通信和交流信息及发送接收那些采集进来的数据信息为主;数据处理单元通常处理的是全部节点的路由协议和管理任务及定位装置等;能量供应单元为缩减传感器节点占据的面积,会选择微型电池的构成形式。无线传感器网络当中的节点分为两种:一种是汇聚节点,另一种是传感器节点。其中,汇聚节点主要指的是网关能够在传感器节点当中将错误的报告数据剔除,并与相关的报告相结合将数据加以融合,对发生的事件进行判断。汇聚节点与用户节点连接可借助广域网络或者卫星直接通信,并对收集到的数据进行处理。

传感器网络实现了数据的采集、处理和传输 3 种功能。它与通信技术和计算机技术共同构成信息技术的三大支柱。无线传感器网络(wireless sensor network, WSN)是由大量的静止或移动的传感器以自组织和多跳的方式构成的无线网络,以协作地感知、采集、处理和传输网络覆盖地理区域内被感知对象的信息,并最终把这些信息发送给网络的所有者。

无线传感器网络所具有的众多类型的传感器,可探测包括地震、电磁、温度、湿度、噪声、光强度、压力、土壤成分,以及移动物体的大小、速度和方向等周边环境中多种多样的现象。潜在的应用领域可以归纳为:军事、航空、防爆、救灾、环境、医疗、保健、家居、工业、商业等。

2.2.1　无线传感器网络的特点

相较于传统式的网络和其他传感器,无线传感器网络有以下特点:

(1)节点资源有限。一是计算能力有限,二是节点的能量有限。

(2)网络节点拓扑变化频繁。老节点的失效,或者是新节点的加入都会造成网络节点拓扑的变化。

(3)寻址以数据为中心。无线传感器网络主要关心节点采集的数据。

(4)多跳路由通信。网络节点通信距离有限,必须借助多个节点接续才能将数据传输到目的地。

(5)网络的分布式结构。节点可以随时加入或离开网络,都不会影响网络的正常工作。每一个节点都可以采集数据、处理数据,同时又是智能通信单元。

(6)网络节点密度高。感知的范围很大,采集的数据多,加之,实时性的要求高,因此需要数量很多的传感器。

(7)组建方式自由。无线网络传感器的组建不受任何外界条件的限制,组建者无论在何时何地,都可以快速地组建起一个功能完善的无线传感器网络,组建成功之后的维护管理工作也完全在网络内部进行。

(8)控制方式不集中。虽然无线传感器网络集中控制了基站和传感器的节点,但是各个传感器节点之间的控制方式还是分散式的,路由和主机的功能由网络的终端实现各个主机独立运行,互不干涉,因此无线传感器网络的强度很高,很难被破坏。

(9)安全性不高。无线传感器网络采用无线方式传递信息,因此传感器节点在传递信息的过程中很容易被外界入侵,从而导致信息的泄露和无线传感器网络的损坏,大部分无线传感器网络的节点都是暴露在外的,这大大降低了无线传感器网络的安全性。

2.2.2 无线传感器网络的性能评价指标

无线传感器网络的性能评价指标有以下几项:

(1)通信性能。

(2)能耗控制。

(3)基础功能实现。

(4)感知精度。

(5)容错性。

2.2.3 无线传感器网络体系结构

无线传感器网络体系结构(见图 2-2),最常见的 WSN 架构遵循 OSI 架构模型。无线传感器网络的体系结构包括 5 层和 3 个交叉层。在传感器网络中,主要需要 5 层,即应用层、传输层、网络层、数据链路层和物理层。这 3 个跨平面分别是电源管理、移动性管理和任务管理。这些层的无线传感器网络被用来完成无线传感器网络,并使传感器协同工作,以提高无线传感器网络的整体效率。

2.2.3.1 应用层

应用层负责流量管理,并为许多应用程序提供软件,这些应用程序以清晰的形式转换数据以查找积极的信息。传感器网络在农业、军事、环境、医疗等领域有着广泛的应用。

2.2.3.2 传输层

传输层的功能是提供拥塞避免和可靠性,其中许多提供此功能的协议在上游都是实用的。这些协议使用不同的机制来识别和恢复丢失。当一个系统计划与其他网络连接时,传输层是完全必要的。

提供一个可靠的损失恢复是更节能的,这是 TCP 协议不适合无线传感器网络的主要原因之一。传输层可以分为包驱动和事件驱动。

2.2.3.3 网络层

网络层的主要功能是路由,它有很多基于应用的任务,但实际上,主要任务是在节能、部分内存、缓冲区,传感器没有通用的 ID,必须是自组织的。

路由协议的简单思想是根据一个被称为度量(metric)的确信尺度来解释可靠的车道和冗余的车道,而度量尺度因协议而异。现有的网络层协议很多,可以分为平面路由和层次路由,也可以分为时间驱动、查询驱动和事件驱动。

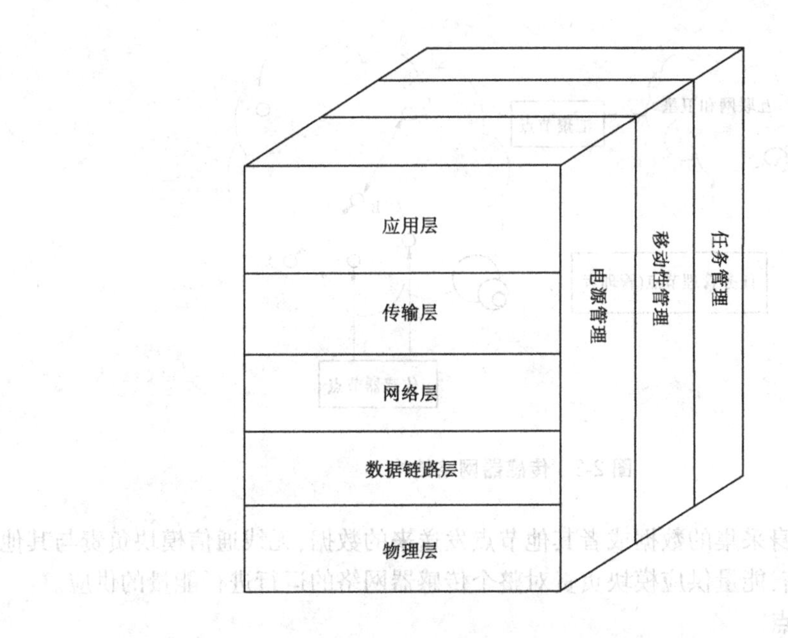

图 2-2 无线传感器网络的体系结构

2.2.3.4 **数据链路层**

数据链路层负责复用数据帧检测、数据流、MAC 和差错控制，确认点-点（或点-多点）的可靠性。

2.2.3.5 **物理层**

物理层负责频率的选择、载波频率的产生、信号检测、调制和数据加密。IEEE 802.15.4 是典型的低速率特定区域和无线传感器网络，具有低成本、低功耗、低密度等优点，可以提高电池的使用寿命。CSMA/CA 用于支持星对点拓扑结构。

无线传感器网络的特点包括以下几个方面：带电池节点的功耗限制；处理节点故障的能力；节点的一些移动性和节点的异构性；大规模分布的可扩展性；确保严格环境条件的能力；使用简单、跨层设计。

无线传感器网络的优点包括：网络安排可以在没有固定基础设施的情况下进行；适用于山区、海上、农村、森林等难以到达的地方；如果需要额外的工作站时出现临时情况，会比较灵活；执行定价便宜；避免了大量的布线；可以随时为新设备提供住宿；可以通过使用集中监视打开等。

2.2.4 无线传感器网络的组成

无线传感器网络通常包括传感器节点、汇聚节点和管理节点（见图 2-3）。传感器节点任意分布在某一监测区域内，节点以自组织的形式构成网络，通过多跳中继方式将监测数据传送到汇聚节点，最后通过 Internet 或其他网络通信方式将监测信息传送到管理节点。同样的，用户可以通过管理节点进行命令的发布，告知传感器节点收集监测信息。

传感器模块负责监测区域内信息的采集和转换，信息处理模块负责管理整个传感器

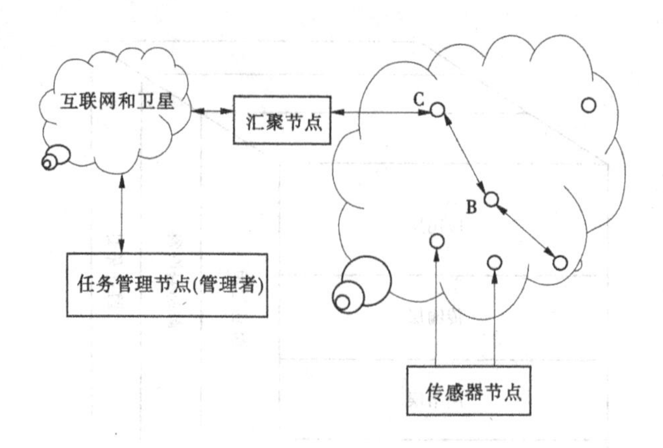

图 2-3 传感器网络结构

节点、存储和处理自身采集的数据或者其他节点发送来的数据，无线通信模块负责与其他传感器节点进行通信，能量供应模块负责对整个传感器网络的运行进行能量的供应。

2.2.4.1 传感器节点

传感器节点的处理能力、存储能力和通信能力相对较弱，通过小容量电池供电。从网络功能上看，每个传感器节点除进行本地信息收集和数据处理外，还要对其他节点转发来的数据进行存储、管理和融合，并与其他节点协作完成一些特定任务。

2.2.4.2 汇聚节点

汇聚节点的处理能力、存储能力和通信能力相对较强，它是连接传感器网络与 Internet 等外部网络的网关，实现两种协议间的转换，同时向传感器节点发布来自管理节点的监测任务，并把 WSN 收集到的数据转发到外部网络上。汇聚节点既可以是一个具有增强功能的传感器节点，有足够的能量供给更多的 Flash 和 SRAM 中的所有信息传输到计算机中，通过汇编软件，可以很方便地把获取的信息转换成汇编文件格式，从而分析出传感节点所存储的程序代码、路由协议及密钥等机密信息，同时还可以修改程序代码，并加载到传感器节点中。

2.2.4.3 管理节点

管理节点用于动态地管理整个无线传感器网络。传感器网络的所有者通过管理节点访问无线传感器网络的资源。

2.2.5 无线传感器网络的关键性能指标

无线传感器网络的关键性能指标是组建和使用无线传感器网络的指南。主要包括网络的工作寿命、网络的覆盖范围、网络建设的难度和成本、网络的响应时间。

2.2.6 无线传感器网络的关键技术

(1)服务质量(QoS)保证。①带宽的有效利用；②能量使用的最小化；③QoS 的支持不仅包括 QoS 保证机制，而且还包括 QoS 控制机制。

(2)数据融合技术。数据融合就是将收集到的数据、信息进行处理，形成更高效、更符合应用的数据。

(3)网络安全。包括数据的保密性、点对点消息认证、完整性鉴别、时效性、认证组播和广播以及安全管理。

(4)定位技术。位置信息对无线传感器网络是非常重要的。主要用于目标跟踪、目标轨迹预测、协助路由及网络拓扑管理等。

(5)同步管理主要指时间同步的管理。

(6)无线通信网络技术。包括 WiFi 和移动通信。

(7)嵌入式实时系统软件技术。

(8)相关的硬件技术。

2.2.7　无线传感器网络重要术语

2.2.7.1　传感器节点

传感器节点就是原始数据采集、本地信息处理,能与其他节点协同工作的传感器。

2.2.7.2　汇聚节点

汇聚节点就是一种感知信息的接受者和应用者的设备。

2.2.7.3　网络拓扑结构

1. 平面网络结构

平面结构的网络:网络中所有节点的地位平等,也就是对等式结构。每个节点可以与无线通信半径范围内的所有节点通信,少数节点的失效不会影响网络的正常工作。

2. 聚类分层的网络结构

聚类分层的网络结构,网络的节点分成传感器节点、网络通信节点、聚类首领节点。传感器节点感应环境,获取、处理信息;网络通信节点发现网络拓扑结构,形成通信链路;控制聚类,并且进行信息处理。整个网络由若干簇组成,每个簇包括一个聚类节点和多个簇成员,簇成员包括传感器节点和通信节点。簇头节点负责簇间数据的转发,它可以预先指定,也可以由节点使用分簇算法自动选举产生。

3. Mesh 网络结构

Mesh 网络是规则分布的网络,只允许和节点最近的邻居通信,网络内部的节点一般都是相同的。Mesh 网络是构建大规模无线传感器网络的一个很好的网络结构。

2.2.8　传感器节点结构

传感器节点是无线传感器网络的一个基本组成部分。根据应用需求的不同,传感器节点必须满足的具体要求也不同。传感器节点可能是小型的、廉价的或节能的,必须配备合适的传感器,具有必要的计算和存储资源,并且需要足够的通信设施。一个典型的传感器节点由感知单元、处理单元(包括处理器和存储器)、通信单元、能量供给单元和其他应用相关单元组成,如图 2-4 所示。

感知单元主要用来采集现实世界的各种信息,并将传感器采集到的模拟信息转换成数字信息,交给处理单元进行处理。处理单元负责整个传感器节点的数据处理和操作,存储本节点的采集数据和其他节点发来的数据。通信单元负责与其他传感器节点进行无线

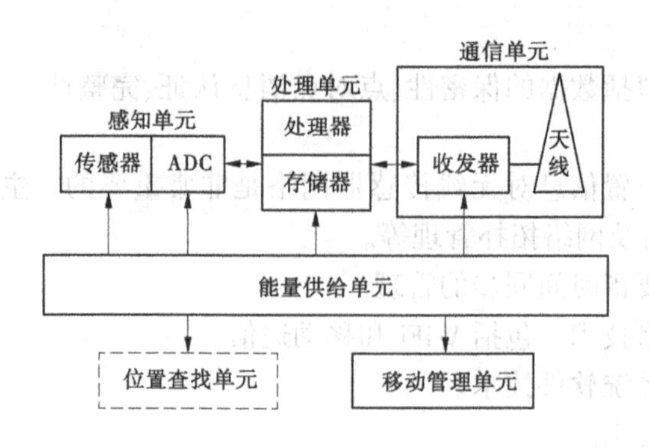

图 2-4　典型的传感器节点

通信、交换控制消息和收发采集数据。能量供给单元提供传感器节点运行所需的能量，是传感器节点最重要的单元之一。另外，为了对节点精确定位及对移动状态进行管理，传感器节点需要相应的应用支持单元，如位置查找单元和移动管理单元。

传感器节点通常是一个微型嵌入式系统，它的处理能力、存储能力和通信能力是受限的。节点要正常工作，需要软硬件系统的密切配合。软件系统由 5 个基本的软件模块组成，分别是操作系统(OS)微码、传感器驱动、通信处理、通信驱动和数据处理 mini-APP 软件模块。OS 微码控制节点的所有软件模块以支持节点的各种功能。TinyOS 就是一种专为嵌入式无线传感网设计的操作系统。传感器驱动模块管理传感器、收发器的基本功能；此外，传感器的类型可能是模块或插件式的，根据传感器的不同类型和复杂度，该模块也要支持对传感器进行的相应配置和设置。通信处理模块管理通信功能，包括路由、数据包缓冲和转发、拓扑维护、介质访问控制、加密和前向纠错等。通信驱动模块管理无线电信道传输链路，包括时钟和同步、信号编码、比特计数和恢复、信号分级和调制。数据处理 mini-APP 模块支持节点的数据处理，包括信号值的存储与操作或其他的基本应用。

2.2.9　无线传感器网络路由的常用算法

无线传感器节点是随机分布、由电池供电的，因此目前无线传感器网络路由协议的研究重点是放在如何提高能量效率上。但电网中的无线传感器节点分布是固定的，传感器的供电方式有电池及光、风、感应供电等方式，路由大多数是固定的。当前在电网中流行的几个无线传感器网络的路由协议如下所述。

2.2.9.1　泛洪协议

泛洪(Flooding)协议是一种传统的无线通信路由协议。该协议规定，每个节点接受来自其他节点的信息，并以广播的形式发送给其他邻居节点。如此继续下去，最后将信息数据发送给目的节点。但这个协议容易引起信息的“内爆”(implosion)和“重叠”(overlap)，造成资源的浪费。因此，在泛洪协议的基础上，提出了闲聊(Gossiping)协议。

2.2.9.2　Gossiping 协议

Gossiping 协议是在泛洪协议的基础上进行改进而提出的。它传播信息的途径是通过随机地选择一个邻居节点，获得信息的邻居节点以同样的方式随机地选择下一个节点进行信息的传递。这种方式避免了以广播形式进行信息传播的能量消耗，但其代价是延长了信息的传递时间。虽然 Gossiping 协议在一定程度上解决了信息的内爆，但是仍然存在信息的重叠现象。

2.2.9.3　SPIN 协议

SPIN(sensor protocol for information via negotiation)协议是一种以数据为中心的自适应路由协议。SPIN 协议的目的是：通过节点之间的协商，解决 Flooding 协议和 Gossiping 协议的内爆和重叠现象。SPIN 协议有 3 种类型的消息，即 ADC、REQ 和 DATA。

(1)ADC 用于数据的广播，当某一个节点有数据可以共享时，可以用其进行数据信息广播。

(2)REQ 用于请求发送数据，当某一个节点希望接受 DATA 数据包时，发送 REQ 数据包。

(3)DATA 为传感器采集的数据包。

在发送一个 DATA 数据包之前，一个传感器节点首先对外广播 ADV 数据包，如果某一个节点希望接受要传来的数据信息，则向发送 ADV 数据包的节点回复 REQ 数据包，因此便建立起发送节点和接受节点的联系，发送节点便向接受节点发送 DATA 数据包。

2.2.9.4　**定向扩散(Directed Diffusion)协议**

定向扩散协议是一种基于查询的路由机制。整个过程可以分为兴趣扩散、梯度建立及路径加强 3 个阶段。在兴趣扩散阶段，汇聚节点向传感器节点发送其想要获取的信息种类或内容。兴趣消息中含有任务类型、目标区域、数据发送速率、时间戳等参数。每个传感器节点在收到该信息后，将其保存在 CACHE 中。当整个信息要求传遍整个传感器网络后，便在传感器节点和汇聚节点之间建立起一个梯度场，梯度场的建立是根据成本最小化和能量自适应原则。一旦传感器节点收集到汇聚节点感兴趣的数据，就会根据建立的梯度场寻求最快路径进行数据传递。

2.2.9.5　LEACH 协议

低功耗自适应集簇分层型协议 LEACH (Low-Energy Adaptive Clustering Hierarchy)是一种以最小化传感器网络能量损耗为目标的分层式协议。该协议的主要思想是通过随机选择类头节点，平均分担无线传感器网络的中继通信业务来达到平均消耗传感器网络中节点能量的目的，进而可以延长网络的生命周期。LEACH 协议可以将网络生命周期延长 15%。LEACH 协议分为两个阶段：类准备阶段和数据传输阶段。类准备阶段和就绪阶段所持续的时间总和称为一个轮回。

在类准备阶段，LEACH 协议随机选择一个传感器节点作为类头节点，随机性确保类头与基站之间数据传输的高能耗成本均匀地分摊到所有传感器节点上。只有那些以前的轮回中没有做过类头节点、能量消耗较少的节点才能够成为当前轮回的类头节点。

2.2.9.6　ZigBee 协议

ZigBee 协议适应无线传感器的低花费、低能量、高容错性等的要求。ZigBee 是基于 IEEE 802.15.4 标准的低功耗局域网协议。但 IEEE 仅处理低级 MAC 层和物理层协议，因此 ZigBee 联盟扩展了 IEEE，对其网络层协议和 API 进行了标准化。ZigBee 是一种新兴的短距离、低速率的无线网络技术，主要用于近距离无线连接。它有自己的协议标准，

在数千个微小的传感器之间相互协调以实现通信。

ZigBee 堆栈是在 IEEE 802.15.4 标准基础上建立的,定义了协议的 MAC 层和 PHY 层。ZigBee 设备应该包括 IEEE 802.15.4(该标准定义了 RF 射频以及与相邻设备之间的通信)的 PHY 层和 MAC 层,以及 ZigBee 堆栈层:网络层(NWK)、应用层和安全服务提供层,如图 2-5 所示。

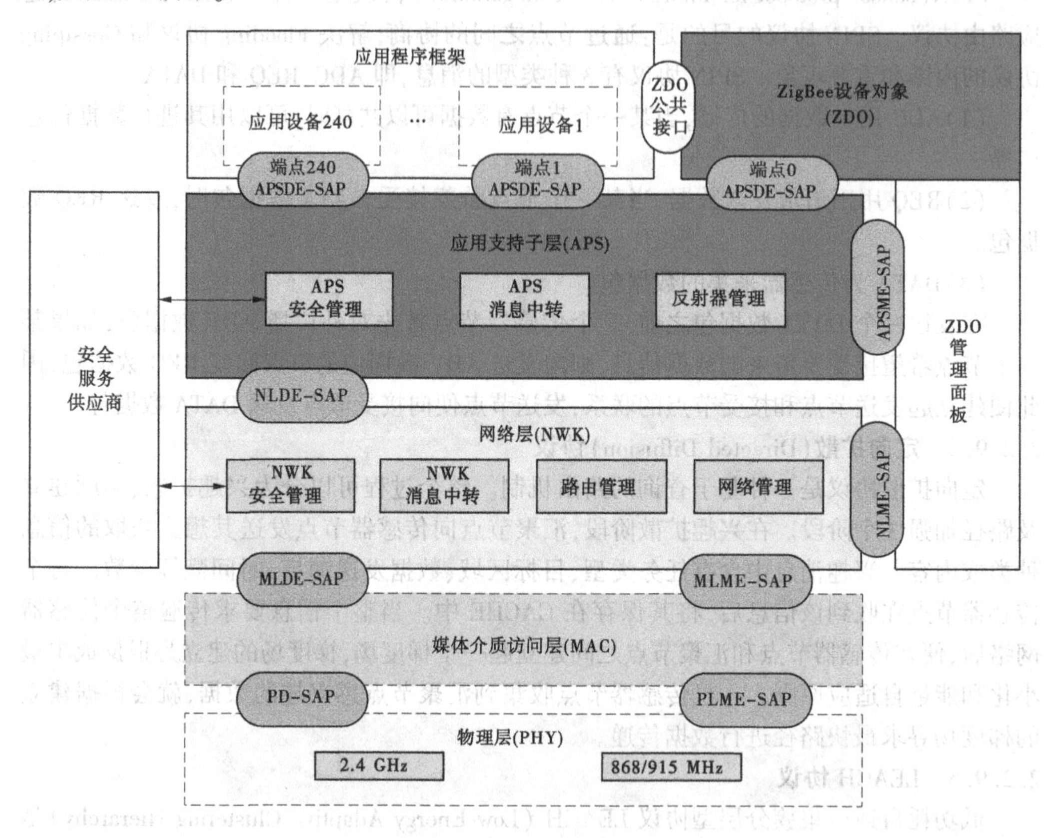

图 2-5　ZigBee 网络架构及组件

ZigBee 的名字源自蜜蜂八字舞,蜜蜂(Bee)依靠嗡嗡(Zip)和同伴传递方位信息,依靠同伴接力形成通信网络。ZigBee 的网络层可以说就是通过这个来定义的。

1. 组网拓扑结构

在 ZigBee 中有 3 种角色:协调器、路由器和末端节点,分别对应着蜂群的蜂后、雄峰和工蜂。协调器在 MAC 层就已经提及过了,用来提供整个网络的同步问题(不进行数据交换,与蜂群一般)。而路由器则负责联系自己周围的末端节点,并协调它们进行通信。

ZigBee 中支持星状、树状和网状的拓扑结构,这个可以在硬件中直接设置。

2. ZigBee 网络架构详解

1)IEEE 802.15.4 物理层

物理层的作用主要是利用物理介质为数据链路层提供物理连接,负责处理数据传输率并架空数据出错率,以便透明地传送比特流。ZigBee 协议的物理层主要负责以下任务:

(1)启动和关闭RF收发器。

(2)信道能量检测。

(3)对接收到的数据报进行链路质量指示LQI(link quality indication)。

(4)为CSMA/CA算法提供空闲信道评估CCA(clear channel assessment)。

(5)对通信信道频率进行选择。

(6)数据包的传输和接收。

IEEE 802.15.4的物理层定义了物理信道和MAC子层间的接口,提供数据服务和物理层管理服务。物理层数据服务从无线物理信道上收发数据,物理层管理服务维护一个物理层相关数据组成的数据库。

2)IEEE 802.15.4 MAC层

IEEE 802.15.4媒体介入控制层沿用了传统无线局域网中带冲突避免的载波多路侦听访问技术CSMA/CA方式,以提高系统的兼容性。这种设计,不但使多种拓扑结构网络的应用变得简单,还可以实现非常有效的功耗管理。

MAC层完成的具体任务如下:

(1)协调器产生并发送信标帧(beacon)。

(2)普通设备根据协调器的信标帧与协调器同步。

(3)支持PAN网络的关联(association)和取消关联(disassociation)操作。

(4)为设备的安全性提供支持。

(5)使用CSMA-CA机制共享物理信道。

(6)处理和维护时隙保障GTS(guaranteed time slot)机制。

(7)在两个对等的MAC实体之间提供一个可靠的数据链路。

在IEEE 802.15.4的MAC层中引入了超帧结构和信标帧的概念。这两个概念的引入极大地方便了网络管理,可以选用以超帧为周期组织LR-WPAN网络内设备间的通信。每个超帧都以网络协调器发出信标帧为始,在这个信标帧中包含了超帧将持续的时间以及对这段时间的分配等信息。网络中的普通设备接收到超帧开始时的信标帧后,就可以根据其中的内容安排自己的任务,例如进入休眠状态直到这个超帧结束。

MAC子层提供两种服务:MAC层数据服务和MAC层管理服务(MAC sub-layer management entity,MLME)。前者保证MAC协议数据单元在物理层数据服务中正确收发,后者维护一个存储MAC子层协议相关信息的数据库。

3)ZigBee网络层

网络层需要在功能上保证与IEEE 802.15.4标准兼容,同时也需要上层提供合适的功能接口。

对于网络层,其完成和提供的主要功能如下:

(1)产生网络层的数据包。当网络层接受到来自应用子层的数据包时,网络层对数据包进行解析,然后加上适当的网络层包头向MAC传输。

(2)网络拓扑的路由功能。网络层提供路由数据包的功能,如果数据包的目的节点是本节点,将该数据包向应用子层发送,如果不是,则将该数据包转发给路由表中下一节点。

(3)配置新的器件参数。网络层能够配置合适的协议,比如建立新的协调器并发起建立网络或者加入一个已有的网络。

(4)建立PAN网络。

(5)连入或脱离PAN网络。网络层能提供加入或脱离网络的功能,如果节点是协调器或者是路由器,还可以要求子节点脱离网络。

(6)分配网络地址。如果本节点是协调器或者是路由器,则接入该节点的字节点的网络地址由网络层控制。

(7)邻居节点的发现。网络层能发现维护网络邻居信息。

(8)建立路由。网络层提供路由功能。

(9)控制接收。网络层能控制接收器的接受时间和状态。

为了向应用层提供接口,网络层提供了两个功能服务实体,分别为数据服务实体NLDE和管理服务实体NLME。NLDE通过NLDE-SAP为应用层提供数据传输服务,NLME通过NLME-SAP为应用层提供网络管理服务,并且,NLME还完成对网络信息库NIB的维护和管理。

4)ZigBee应用层

Zigbee应用层包括应用支持子层(APS)、应用框架(AF)、ZigBee设备对象(ZDO)。它们共同为各应用开发者提供统一的接口。

(1)应用支持子层。

APS层主要功能:

①APS层协议数据单元APDU的处理。

②APSDE提供在同一个网络中的应用实体之间的数据传输机制。

③APSME提供多种服务给应用对象,这些服务包括安全服务如何绑定设备,并维护管理对象的数据库,也就是常说的AIB。

(2)应用框架。

应用框架(aplication framework)为各个用户自定义的应用对象提供了模板式的活动空间,为每个应用对象提供了键值对KVP服务和报文MSG服务两种服务供数据传输使用。

每个节点除了64位的IEEE地址、16位的网络地址,还提供了8位的应用层入口地址,对应于用户应用对象。端点0为ZDO接口,端点1~240供用户自定义用于对象使用,端点255为广播地址,端点241~254保留将来使用。每一个应用都对应一个配置文件(profile)。配置文件包括设备ID(device ID)、事务集群ID(cluster ID)、属性ID(attribute ID)等。AF可以通过这些信息来决定服务类型。

(3)ZigBee设备对象。

ZDO是一个特殊的应用层的端点(endpoint)。它是应用层其他端点与应用子层管理实体交互的中间件。它主要提供的功能如下:

①初始化应用支持子层、网络层。

②发现节点和节点功能。在无信标的网络中，加入的节点只对其父节点可见。而其他节点可以通过ZDO的功能来确定网络的整体拓扑结构以及节点所能提供的功能。

③安全加密管理。主要包括安全key的建立和发送，以及安全授权。

④网络的维护功能。

⑤绑定管理。绑定的功能由应用支持子层提供，但是绑定功能的管理却是由ZDO提供，它确定了绑定表的大小、绑定的发起和绑定的解除等功能。

⑥节点管理。对于网络协调器和路由器，ZDO提供网络监测、获取路由和绑定信息、发起脱离网络过程等一系列节点管理功能。

ZDO实际上是介于应用层端点和应用支持子层中间的端点，其主要功能集中在网络管理和维护上。应用层的端点可以通过ZDO提供的功能来获取网络或者是其他节点的信息，包括网络的拓扑结构、其他节点的网络地址和状态以及其他节点的类型和提供的服务等信息。

5)ZigBee 网络拓扑结构

ZigBee网络支持多种网络拓扑结构，最典型的网络结构是星型网络的拓扑结构。对于星型网络，由一个协调器和多个终端节点组成。在星型网络中，所有的通信都是通过协调器转发。这样的网络结构有3个缺点：一是会增加协调器的负载，对协调器的性能要求很高；二是协调协作都通过协调器转发，会极大地增加系统的延时，使得系统的实时性受到影响；三是单一节点的破坏造成整个网络的瘫痪，降低了网络的鲁棒性。

除支持星型网络外，ZigBee还支持树状(Tree)和网状(Mesh)等对等网络。在对等网络中，也存在一个PAN协调器(Coordinator)，但是它已经不是网络的主控制器，而是主要起到发起网络和组网的作用。在对等网络中，一个设备在另一设备的通信范围之内，它们就可以互相通信。因此，对等网络拓扑结构统一构成较为复杂的网络结构。对等网络拓扑结构主要在工业检测和控制、无线传感网络、供应物资跟踪、农业智能化以及安全监控方面都有广泛的应用。在网络中，各个设备之间发送消息时，使用了多跳传输，以增大网络的覆盖范围。其中，组网的路由协议是采用了无线自组网按需平面距离矢量AODV路由协议(Ad Hoc On Demand Distance Vector Routing)，无论是星型拓扑还是对等拓扑，每个独立的PAN都有一个唯一的标志符PAN ID，用以同一个网络之内节点的互相识别和通信。

2.2.10　无线传感器网络MAC层的常用协议

对于无线传感器网络，最重要的是能量的保持问题，因此MAC的设计首先要考虑的问题就是能量效率的问题，而其他典型的性能指标(如公平性、吞吐量及延时等)是根据具体的应用系统而提出的不同要求。针对不同的传感器网络应用，提出了各种不同种类的MAC协议，比如对于规模较大的无线传感器网络会采取竞争的信道访问方式，而对于规模较小且时间要求较高的无线传感器网络采用调度机制等，不同的系统要求也表现出不同的MAC设计侧重点。无线传感器网络的MAC协议主要分为以下四种。

2.2.10.1 基于同步竞争的MAC协议

基于同步竞争的MAC协议采用按需使用信道，当节点需要发送数据时，通过竞争方式使用无线信道，如果发送的数据发生了冲突，重发数据，直到数据发送成功或者丢弃数据。在同步竞争MAC协议中，节点将时间划分为若干时间帧，在每一帧中又划分为一个工作时间段和一个休眠时段。节点在工作时段唤醒射频模块以收发数据，在休眠时段关闭射频模块以节约能源。这类协议的一个特点就是要求所有节点同步到一个共同的时间，这样网络中所有节点在相同时间唤醒竞争使用信道。一般来说同步竞争类协议需要适度的全局时钟同步。因为节点同时工作，因而该类协议信道效率较高；但是随之而来的一个缺点就是竞争和冲突比较严重。

2.2.10.2 基于异步竞争的MAC协议

在异步竞争的MAC协议中，所有节点维持自己独立的工作周期，当节点醒来后随即竞争信道。在该类协议中由于收发双方不同步，因而发送节点发出数据时接收节点可能正处于休眠状态，所以需要使用一种低功耗侦听（low power listening，LPL，又称为前导序列技术）方式来唤醒接收节点。相比于同步协议，异步协议不需要维持节点同步，但需要额外的唤醒能耗。

2.2.10.3 基于调度的MAC协议

调度类协议的目的就是根据一个设定的计划表来协调网络中各节点工作，这个计划表可以是静态预先分配也可以是动态实时分配。根据使用的技术手段，调度类协议可以分为基于时分复用（TDMA）、码分复用（CDMA）和频分复用（FDMA）技术的协议。但是由于硬件条件限制，调度类协议在无线传感器网络中主要指基于TDMA的协议。TDMA的思想就是将不同的信号相互交织在不同的时间段内，沿着同一信道传输。

在无线传感器网络中的TDMA机制就是为每个节点分配独立的时隙用于发送信息，而节点在其他时隙转入休眠状态。TDMA机制没有竞争的碰撞重传问题，数据传输不需要过多的控制信息，这些特点满足了无线传感器网络MAC节能的要求。但是TDMA机制需要节点之间比较严格的时间同步，而且TDMA机制在网络扩展性方面存在不足：很难调整时间帧的长度和时隙的分配，对于传感器网络的节点移动、节点失效等动态拓扑结构适应性较差，TDMA机制的信道利用率较低，对于节点发送数据量的变化也不敏感。

2.2.10.4 基于联合设计的MAC协议

有时为了既节能又保证系统的可扩展性，采取竞争机制CSMA和时分复用TDMA相结合的混合MAC机制。

在IEEE 802.15.4标准中，MAC机制采用的是CSMA/CA机制访问信道，这个机制采用以超帧为周期组织无线传感器网络内节点间的通信。每个超帧都从协调器发出信标帧开始，这个信标帧中包含了超帧将持续的时间以及对这段时间的分配等信息。网络中的普通节点接收到协调器发出的信标帧后，就可以根据其中的内容安排自己的任务。超帧将通信时间划分成活跃（active）与不活跃（hacfive）两个部分。在不活跃期间，PAN网络中的设备不会通信，从而可以进入休眠状态以节省能量。

超帧的活跃期间划分为3个阶段：信标帧发送时段、竞争访问时段（CAP）、非竞争访问时段(CFP)。超帧的活跃部分被划分为16个等长的时隙,每个时隙的长度、竞争访问时段包含的时隙数等参数,都由协调器设定,并通过超帧开始时发出的信标帧广播到整个网络。

在超帧的竞争访问时段,IEEE 802.15.4网络节点使用带时隙(slotted)的CSMA/CA访问机制,并且节点间的通信都必须在竞争访问时段结束前完成。对于实时性要求较高的网络,会采用CFP阶段的GTS机制,即在非竞争时段,协调器根据节点申请GTS的情况,将非竞争时段划分成若干个GTS(一般是7个)。每个GTS由若干个时隙组成,时隙数目在设备申请GTS时指定。如果节点申请GTS时隙成功,申请设备就拥有了它指定的时隙数目,这其实就是前面所提到的分时复用的MAC访问方式。

第一个GTS由时隙11.13构成,第二个GTS由时隙14.15构成。每个GTS中的时隙都指定分配给了时隙申请设备,因而不需要竞争信道。超帧中规定非竞争时段必须跟在竞争时段后面。竞争时段的功能包括网络设备可以自由收发数据,域内设备向协调器申请GTS时段,新设备加入当前PAN网络等。非竞争时段由协调器指定的设备发送或者接收数据包。从上述来看,IEEE 802.15.4的MAC机制实际上是一个组合的MAC机制,CAP阶段是基于同步竞争的MAC,CFP阶段是基于TDMA方式的MAC。但是很多时候没有使用GTS机制,因为CSMA/CA本身就是针对网络规模较大、节点较多的场合,而GTS机制的容量不大,实用性较差,只是在视频流的传输或者其他实时性要求的场合中会用到这个机制。如果某个设备在非竞争阶段一直处在接收阶段,那么拥有GTS使用权的设备就可以在GTS阶段直接向该设备发送消息。

IEEE 802.15.4的无线传感器网络中存在3种数据传输方式和2种拓扑结构:星形拓扑网络中存在的节点发送数据给协调器、协调器发送数据给节点这2种传输方式;点对点拓扑网络除前2种传输方式外,还有对等节点之间的数据传输第3种传输方式。在无线传感器网络中,存在2种通信模式:信标使能通信和信标不使能通信。在信标使能的网络中,协调器定时广播信标帧。各个节点之间通信使用基于时隙的CSMA/CA信道访问机制,网络中的节点都通过协调器发送的信标帧进行同步(实际上就是同步竞争模式)。在时隙CSMA/CA机制下,每当节点需要发送数据帧或命令帧时,它首先定位下一个时隙的边界,然后等待随机数目的时隙(backoff过程)。退避机制完毕后,节点开始检测信道状态(CCA,clear channel accessments):如果信道空闲,节点就在下一个时隙边界开始发送数据;如果信道忙,设备需要重新等待随机时隙,再检查信道状态,重复这个过程直到有空闲信道出现。在信标不使能的通信网络中,网络协调器不发送信标帧,各个设备使用非分时隙的CSMA/CA机制访问信道(实际上就是异步竞争的访问方式)。

2.2.11 无线传感网络的安全

由于WSN使用无线通信,其通信链路不像有线网络一样可以做到私密可控。所以在设计传感器网络时,更要充分考虑信息安全问题。手机SIM卡等智能卡,利用公钥基础设施PKI(public key infrastructure)机制,基本满足了电信等行业对信息安全的需求。同样,亦可使用PKI来满足WSN在信息安全方面的需求。

2.2.11.1 无线传感网络的安全指标

1. 数据机密性

数据机密性是重要的网络安全需求,要求所有敏感信息在存储和传输过程中都要保证其机密性,不得向任何非授权用户泄露信息的内容。

2. 数据完整性

有了机密性保证,攻击者可能无法获取信息的真实内容,但接收者并不能保证其收到的数据是正确的,因为恶意的中间节点可以截获、篡改和干扰信息的传输过程。通过数据完整性鉴别,可以确保数据传输过程中没有任何改变。

3. 数据新鲜性

数据新鲜性问题是强调每次接收的数据都是发送方最新发送的数据,以此杜绝接收重复的信息。保证数据新鲜性的主要目的是防止重放(replay)攻击。

4. 可用性

可用性要求传感器网络能够随时按预先设定的工作方式向系统的合法用户提供信息访问服务,但攻击者可以通过伪造和信号干扰等方式使传感器网络处于部分或全部瘫痪状态,破坏系统的可用性,如拒绝服务(denial of service, DoS)攻击。

5. 鲁棒性

无线传感器网络具有很强的动态性和不确定性,包括网络拓扑的变化、节点的消失或加入、面临各种威胁等,因此无线传感器网络对各种安全攻击应具有较强的适应性,即使某次攻击行为得逞,该性能也能保障其影响最小化。

6. 访问控制

访问控制要求能够对访问无线传感器网络的用户身份进行确认,确保其合法性。

2.2.11.2 威胁

根据网络层次的不同,可以将无线传感器网络容易受到的威胁分为以下四类:

(1)物理层。主要的攻击方法为拥塞攻击和物理破坏。

(2)链路层。主要的攻击方法为碰撞攻击、耗尽攻击和非公平竞争。

(3)网络层。主要的攻击方法为丢弃和贪婪破坏、方向误导攻击、黑洞攻击和汇聚节点攻击。

(4)传输层。主要的攻击方法为泛洪攻击和同步破坏攻击。

2.2.11.3 关键技术

1. 混沌加密技术

混沌加密技术整体来说属于较为复杂的一项技术,它遵守了动力学的机制和混乱与扩散的基本原则。

混沌加密技术主要是利用由混沌系统迭代产生的序列(把两个十分相近的初值代入到同一个混沌函数进行迭代运算,经过一定阶段的运算后,数值序列变得毫不相关),作为加密变换的一个因子序列。

1)混沌加密技术的基本原理

混沌是一种复杂的非线性、非平衡的动力学过程,其特点为:

(1)混沌系统的行为是许多有序行为的集合,而每个有序分量在正常条件下,都不起主导作用。

(2)混沌看起来似为随机,但都是确定的。

(3)混沌系统对初始条件极为敏感,对于两个相同的混沌系统,若使其处于稍异的初态就会迅速变成完全不同的状态。

2)混沌加密技术的优点

混沌加密技术应用于密码学上,具有保密性强、随机性好、密钥量大、更换密钥方便等优点。此外在抗干扰性、截获率、信号隐蔽等方面同样具有潜在的优势。

3)混沌加密技术的应用

从理论上讲,混沌加密技术既可以对文件加密,还可以防范频率分析攻击、穷举攻击等攻击方法,使得密码难于分析、破解。

2. 密钥管理协议

密钥管理协议是将密钥从被生成到利用的所有步骤进行分级授权保护,保证密钥封闭性的同时也能做到灵活使用。例如密钥的生成、分发授权于金融机构使其能够生成密钥分发给传递中支付方,使其能生成数字签名保证信息不可否认性,而最终的密钥公证则授权于特定机构,以验证信息的真实性。数据验证协议,是对用户将要使用的数据进行安全验证的协议,验证大数据时代活动中交换的数据是否具有端级签名和个人签名。安全审计协议,协议内容是对大数据时代活动中所有有关安全的事件进行收集、检测和控制,起到危险防护的作用和对危害安全事件进行追责的作用。

3. 数字水印认证技术

数字水印认证技术是通过算法将标识信息嵌入至原始载体中,便于合法使用者进行提取并识别。利用数字水印认证技术,能够保障认证信息是否被篡改,从而提升无线传感器网络的传输可靠性。数字水印认证技术主要由嵌入器、检测器两部分构成,其与密码学相结合,可以实现对信息的多重安全保护。通常,对于传输信息,利用水印嵌入器来形成水印密钥与原始载体数据的结合,而在使用时根据水印检测器来进行水印解密,输出信息。

4. 防火墙技术

在具体的应用当中,这项技术具备很强的 AAA 管理功能,把内部主机 IP 地址翻译到外网中,使无线传感器网络共享 Internet,还可促使外网隐藏到内网结构当中:可支持多种 AAA 协议对拨入 ASA 的各式各样远程来访问 VPN、登录 ASA 管理会话中来认证 AAA,并予以授权。在无线传感器网络当中,通过防火墙技术,能够确保网络不会遭受到蠕虫、黑客、病毒和坏件等的攻击,而且还含有无客户端模式 VPN,保障无线传感器网络客户不用安装 VPN 客户端就可提供给他们网络服务。在无线传感器网络的组成中,可将无线网络与核心网络有效隔离开,通过防火墙将一个或者几个无线网络实行分开管理的方式,这样一来即使成功地将无线客户端破解了,也无法攻击有线网络。

第3章　边缘计算技术

对物联网而言，许多控制将通过本地设备实现而无须交由云端，处理过程将在本地边缘计算层完成。由于更加靠近用户，还可为用户提供更快的响应，将需求在边缘端解决。这将大大提升处理效率，减轻云端的负荷。

无论是云计算、雾计算还是边缘计算，本身只是实现物联网、智能制造等所需要计算技术的一种方法或者模式。严格地讲，雾计算和边缘计算本身并没有本质的区别，都是在接近于现场应用端提供的计算。就其本质而言，都是相对于云计算而言的。

全球智能手机的快速发展，推动了移动终端和"边缘计算"的发展。而万物互联、万物感知的智能社会，则是跟物联网发展相伴而生的，边缘计算系统也因此应机而出。

3.1　边缘计算基本知识

(1)ECN(边缘计算节点，edge computing node)：由基础设施层、虚拟化层、边缘虚拟服务构成，提供总线协议适配、流式数据分析、时序数据库、安全等通用服务，并按需集成特定的行业化应用服务。

(2)联接计算 Fabric：一个虚拟化的联接和计算服务层，屏蔽异构 ECN 节点，提供资源发现和编排，支持 ECN 节点间数据和知识模型共享，支持业务负载动态调度和优化，支持分布式的决策和策略执行。

(3)业务 Fabric：模型化的工作流，由多种类型的功能服务按照一定逻辑关系组成和协作，支持定义工作流和工作负载、可视化呈现、语义检查和策略冲突检查、业务 Fabric、服务等模型的版本管理等。

(4)智能服务：开发服务框架通过集成开发平台和工具链集成边缘计算和垂直行业模型库，提供模型与应用的全生命周期服务；部署运营服务主要提供业务编排、应用部署和应用市场等三项核心服务。

(5)管理服务：支持面向终端、网络、服务器、存储、数据、应用的隔离、安全、分布式架构的统一管理；支持面向工程、集成、部署、业务与数据迁移、集成测试、集成验证与验收等全生命周期管理。

(6)数据全生命周期服务：提供数据预处理、数据分析、数据分发和策略执行、数据可视化和存储等服务。支持通过业务 Fabric 定义数据全生命周期的业务逻辑，满足业务实时性等要求。

(7)安全服务：主要包括节点安全、网络安全、数据安全、应用安全、安全态势感知、身份和认证管理等服务，覆盖边缘计算架构的各个层级，并为不同层级按需提供不同的安全特性。

边缘计算通过与行业使用场景和相关应用相结合，依据不同行业的特点和需求，完成了从水平解决方案平台到垂直行业的“落地”，在不同行业构建了众多创新的垂直行业解决方案。目前，边缘计算产业联盟（ECC）给出的核心场景主要面向IOT，范例包括梯联网、智慧水务、智能楼宇、智慧照明等。

3.2 边缘计算架构

在中国，ECC正在努力推动三种技术的融合，也就是OICT的融合[运营（operational）、信息（information）、通信（communication technology）]。而其计算对象，则主要定义了四个领域：第一个是设备域的问题。出现的纯粹的IOT设备，与自动化的I/O采集相比较而言，有不同但也有重叠部分。那些可以直接用于顶层优化，而并不参与控制本身的数据，是可以直接放在边缘侧完成处理的。第二个是网络域。在传输层面，直接的末端IOT数据、与来自自动化产线的数据，其传输方式、机制、协议都会有不同，因此这里要解决传输的数据标准问题，当然，在OPC UA架构下可以直接地访问底层自动化数据，但是对于Web数据的交互而言，这里会存在IT与OT之间的协调问题，尽管有一些领先的自动化企业已经提供了针对Web方式数据传输的机制，但是大部分现场的数据仍然存在这些问题。第三个是数据域。数据传输后的数据存储、格式等这些数据域需要解决的问题，也包括数据的查询与数据交互的机制和策略问题都是在这个领域里需要考虑的问题。第四，也是最难的应用域，这个可能是最为难以解决的问题，针对这一领域的应用模型尚未有较多的实际应用。边缘计算参考架构如图3-1所示。

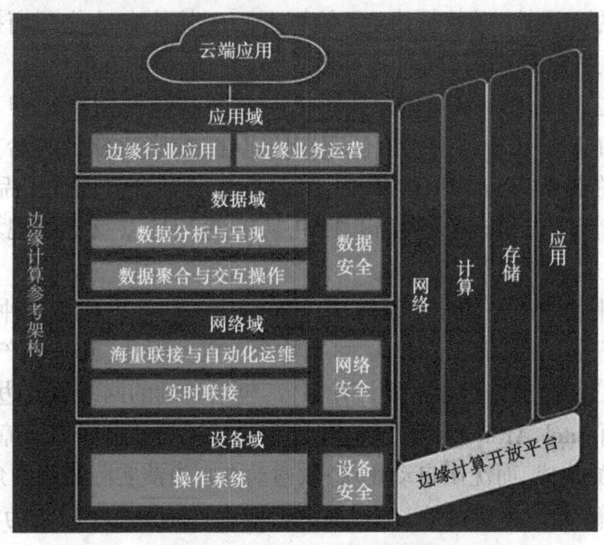

图3-1 边缘计算参考架构

ECC对于边缘计算的参考架构的定义，包含了设备、网络、数据与应用四域，平台提供者主要提供在网络互联（包括总线）、计算能力、数据存储与应用方面的软硬件基础设施。

而从产业价值链整合角度而言,ECC 提出了 CROSS,即在敏捷联接(connection)的基础上,实现实时业务(real-time)、数据优化(data optimization)、应用智能(smart)、安全与隐私保护(security),为用户在网络边缘侧带来价值和机会,也就是联盟成员要关注的重点。

3.2.1 计算的本质

自动化事实上是以"控制"为核心。控制是基于"信号"的,而"计算"则是基于数据进行的,更多意义是指"策略""规划",因此它更多聚焦于"调度、优化、路径"。就像对全国的高铁进行调度的系统一样,每增加或减少一个车次都会引发调度系统的调整,它是基于时间和节点的运筹与规划问题。边缘计算在工业领域的应用更多是这类"计算"。

简单地说,传统自动控制是基于信号的控制,而边缘计算则可以理解为"基于信息的控制"。

值得注意的是,边缘计算、雾计算虽然说的是低延时,但是其 50 ms、100 ms 这种周期对于高精度机床、机器人、高速图文印刷系统的 100 μs 这样的"控制任务"而言,仍然是非常大的延迟,边缘计算所谓的"实时",从自动化行业的视角来看——很不幸,依然被归在"非实时"的应用里。

3.2.2 产业

边缘计算是在高带宽、时间敏感型、物联网集成这个背景下发展起来的技术,"Edge"这个概念的确较早为包括 ABB、B&R、Schneider、KUKA 这类自动化/机器人厂商所提及,其本意是涵盖那些"贴近用户与数据源的 IT 资源"。这是属于从传统自动化厂商向 IT 厂商延伸的一种设计。2016 年 4 月 5 日,Schneider 号称为边缘计算定义了物理基础设施——尽管,主打的还是其"微数据中心"的概念。而其他自动化厂商提及计算,都是表现出与 IT 融合的一种趋势,并且同时具有边缘与泛在的概念在其中。

IT 与 OT 事实上也是相互渗透的,自动化厂商都已经开始在延伸其产品中的 IT 能力,包括 Bosch、SIEMENS、GE 这些大的厂商在信息化、数字化软件平台方面,也包括贝加莱、罗克韦尔等都在提供基础的 IOT 集成、Web 技术的融合方面的产品与技术。事实上 IT 技术也开始在其产品中集成总线接口、HMI 功能的产品以及工业现场传输设备网关、交换机等产品。

IOT 被视为未来快速成长的一个领域,包括最前沿的已经出现了各种基于 Internet 的技术,高通已经提出了 internet of everything,可以称为 IOX。因此,新一个产业格局呼之欲出,就 ECC 的边界定义而言,华为旨在提供计算平台,包括基础的网络、云、边缘服务器、传输设备与接口标准等,而 Intel、ARM 则提供为边缘计算的芯片与处理能力保障,信通院则扮演传输协议与系统实现的集成,而沈阳自动化所、软通动力则扮演实际应用的角色。

但是,边缘计算/雾计算要落地,尤其是在工业中,"应用"才是最为核心的问题,所谓的 IT 与 OT 的融合,更强调在 OT 侧的应用,即运营的系统所要实现的目标。

3.2.3 大融合下分工

在工业领域,边缘应用场景包括能源分析、物流规划、工艺优化分析等。就生产任务分配而言,需根据生产订单为生产进行最优的设备排产排程,这是APS或者广义MES的基本任务单元,需要大量计算。这些计算是靠具体MES厂商的软件平台,还是"边缘计算"平台-基于Web技术构建的分析平台,在未来并不会存在太多差别。从某种意义上说,MES系统本身是一种传统的架构,而其核心既可以在专用的软件系统,也可以存在于云、雾或者边缘侧。

总体而言,在整个智能制造、工业物联网的应用中,各自分工如下。

自动化厂商提供"采集",包括数据源的作用,这是利用自动化已经在分布式I/O采集、总线互联以及控制机器所产生的机器生产、状态、质量等原生"信息"。

ICT厂商则提供"传输",实现工业连接。因为在如何提供数据的传输、存储、计算方面,ICT厂商有其传统优势,包括成本和云平台的优势。

传统工业企业的业务经验和知识,则为分析软件(独立的或者企业内部)厂商提供"分析"的依据。这些业务过程的理解,仍然是必不可少的。产业链的协同,终极目标,仍然是解决"质量、成本、交付"的核心问题。

为避免移动承载网络管道化,电信标准组织和运营商正在研究在5G网络中如何与移动互联网及物联网业务深度融合,进而提升移动网络带宽的价值。欧洲电信标准协会(ETSI)提出的移动边缘计算(mobile edge computing,MEC)是基于5G演进的架构,并将移动接入网与互联网业务深度融合的一种技术。MEC一方面可以改善用户体验,节省带宽资源;另一方面通过将计算能力下沉到移动边缘节点,提供第三方应用集成,为移动边缘入口的服务创新提供了无限可能。移动网络和移动应用的无缝结合,将为应对各种OTT(over the top)应用提供有力的武器。

无论5G网络采用C-RAN(centralized/cloud radio access network)或者D-RAN(distributed radio access network),都将引入移动边缘计算,引爆新的应用创新机制。将云计算和云存储拉近到网络边缘后,可以创造出一个具备高性能、低延迟与高带宽的电信级服务环境,加速网络中各项内容、服务及应用的分发和下载,让消费者享有更高质量的网络体验。移动边缘计算设备所应具备的一些特性包括网络功能虚拟化(network function virtualization,NFV)、软件定义网络(software defined network,SDN)、边缘计算存储、高带宽、绿色节能等,它们源于数据中心技术,但在某些方面,如可靠性和通信带宽等需求又高于数据中心。

3.2.4　优势

移动边缘计算MEC把无线网络和互联网技术有效融合在一起,并在无线网络侧增加计算、存储、处理等功能,构建了开放式平台以植入应用,并通过无线API开放无线网络与业务服务器之间的信息交互,对无线网络与业务进行融合,将传统的无线基站升级为智能化基站。面向业务层面(物联网、视频、医疗、零售等),移动边缘计算可向行业提供定制化、差异化服务,进而提升网络利用效率和增值价值。同时移动边缘计算的部署策略(尤其是地理位置)可以实现低延迟、高带宽的优势。MEC也可以实时获取无线网络信息和更精准的位置信息来提供更加精准的服务。

3.2.5 发展空间

根据 Gartner 的报告,到 2025 年全球连接到网络的设备将达到约 271 亿台,移动端应用将迫切需要一个更有竞争力、可扩展,同时又安全和智能的接入网。移动边缘计算将会提供一个强大的平台解决未来网络的延迟、拥塞和容量等问题。此外,根据各大设备厂商、运营商最近发布的报告,5G 将会是一个集合了计算和通信技术的平台,而移动边缘计算将是其中不可缺少的一个重要环节。在 5G 时代,MEC 的应用将伸展至交通运输系统、智能驾驶、实时触觉控制、增强现实等领域。

3.3 边缘计算卸载技术

3.3.1 概念

边缘计算卸载技术最初在移动云计算(mobile cloud computing,MCC)中提出,移动云计算具有强大的计算能力,设备可以通过计算卸载,将计算任务传输到远端云服务器执行,从而达到缓解计算和存储限制、延长设备电池寿命的目的。在 MCC 中,用户设备(user equipment,UE)可以通过核心网访问强大的远程集中式云(central cloud ,CC),利用其计算和存储资源,将计算任务卸载到云上。相比于移动终端将计算卸载到云服务器所使用的移动云计算技术可能导致的不可预测时延、传输距离远等问题,边缘计算能够更快速、高效地为移动终端提供计算服务,同时缓解核心网络的压力。移动边缘计算和移动云计算的对比见表 3-1。

表 3-1 移动边缘计算和移动云计算的对比

类目	移动边缘计算(MEC)	移动云计算(MCC)
计算模型	分布式	集中式
服务器硬件	小型数据中心,中等计算资源	大型数据中心, 大量高性能计算服务器
与用户距离	近	远
连接方式	无线连接	专线连接
隐私保护	高	低
时延	低	高
核心思想	边缘化	中心化
计算资源	有限制	丰富
存储容量	有限制	丰富
应用	对时延要求高的应用:自动驾驶、AR、交互式在线游戏等	对计算量要求大的应用:在线社交网络、移动性在线商业/健康/学习业务

3.3.2　计算卸载步骤

计算卸载一般是指将计算量大的任务合理分配给计算资源充足的代理服务器进行处理,再把运算完成的计算结果从代理服务器取回。计算卸载过程(见图 3-2)大致分为以下 6 个步骤。

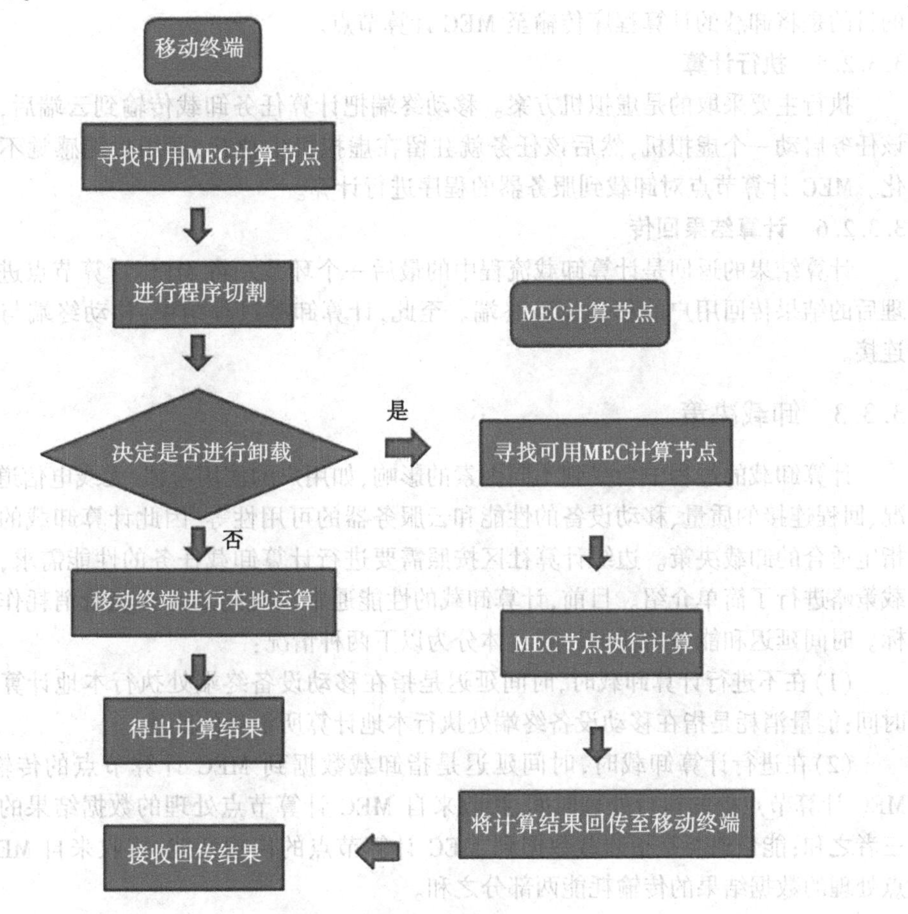

图 3-2　计算卸载步骤

3.3.2.1　节点发现

寻找可用的 MEC 计算节点,用于后续对卸载程序进行计算。这些节点可以是位于远程云计算中心的高性能服务器,也可以是位于网络边缘侧的 MEC 服务器。

3.3.2.2　程序切割

将需要进行处理的任务程序进行分割,在分割过程中尽量保持分割后的各部分程序的功能完整性,便于后续进行卸载。

3.3.2.3　卸载决策

卸载决策是计算卸载中最为核心的一个环节。该环节主要解决两大问题:决定是否将程序进行卸载,以及卸载程序的哪些部分至 MEC 计算节点。

卸载策略可分为动态卸载及静态卸载两种:在执行卸载前决定好所需卸载的所有程

序块的策略为静态卸载策略;在卸载过程中的实际影响因素来动态规划卸载程序的策略为动态卸载策略。

3.3.2.4 程序传输

当移动终端做出卸载决策以后就可以把划分好的计算程序交到云端执行。程序传输有多种方式,可以通过3G/4G/5G网络进行传输,也可以通过WiFi进行传输。程序传输的目的是将卸载的计算程序传输至MEC计算节点。

3.3.2.5 执行计算

执行主要采取的是虚拟机方案。移动终端把计算任务卸载传输到云端后,云端就为该任务启动一个虚拟机,然后该任务就驻留在虚拟机中执行,而用户端感觉不到任何变化。MEC计算节点对卸载到服务器的程序进行计算。

3.3.2.6 计算结果回传

计算结果的返回是计算卸载流程中的最后一个环节。将MEC计算节点进行计算处理后的结果传回用户的移动设备终端。至此,计算卸载过程结束,移动终端与云端断开连接。

3.3.3 卸载决策

计算卸载的过程中会受到不同因素的影响,如用户的使用习惯、无线电信道的通信情况、回程连接的质量、移动设备的性能和云服务器的可用性等,因此计算卸载的关键在于指定适合的卸载决策。边缘计算社区按照需要进行计算卸载任务的性能需求,对计算卸载策略进行了简单介绍。目前,计算卸载的性能通常以时间延迟和能量消耗作为衡量指标。时间延迟和能量消耗的计算具体分为以下两种情况:

(1)在不进行计算卸载时,时间延迟是指在移动设备终端处执行本地计算所花费的时间;能量消耗是指在移动设备终端处执行本地计算所消耗的能量。

(2)在进行计算卸载时,时间延迟是指卸载数据到MEC计算节点的传输时间、在MEC计算节点处的执行处理时间、接收来自MEC计算节点处理的数据结果的传输时间三者之和;能量消耗是指卸载数据到MEC计算节点的传输耗能、接收来自MEC计算节点处理的数据结果的传输耗能两部分之和。

卸载决策即UE决定是否卸载及卸载多少。UE由代码解析器、系统解析器和决策引擎组成,执行卸载决策需要3个步骤:首先代码解析器根据应用程序类型和代码/数据分区确定哪些任务可以协助;然后系统解析器负责监控各种参数,如可用带宽、要卸载的数据大小或执行本地应用程序所耗费的能量等;最后,决策引擎确定是否要卸载。一般来说,关于计算卸载的决策有以下3种方案:

(1)本地执行(local execution)。整个计算在UE本地完成。

(2)完全卸载(full offloading)。整个计算由MEC卸载和处理。

(3)部分卸载(partial offloading)。计算的一部分在本地处理,而另一部分则卸载到MEC服务器处理。

做出这3种决策的影响因素主要是UE能量消耗和完成计算任务延时。

卸载决策需要考虑计算时延因素,因为时延会影响用户的使用体验,并可能会导致耦合程序因为缺少该段计算结果而不能正常运行,因此所有的卸载决策至少都需要满足移动设备端程序所能接受的时间延迟限制。此外,还需考虑能量消耗问题,如果能量消耗过大,会导致移动设备终端的电池快速耗尽。最小化能耗即在满足时延条件的约束下,最小化能量消耗值。对于有些应用程序,若不需要最小化时延或能量的某一个指标,则可以根据程序的具体需要,赋予时延和能耗指标不同的加权值,使二者数值之和最小,即总花费最小,称之为最大化收益的卸载决策。

卸载决策开始以后,接下来就要进行合理的计算资源分配。与计算决策类似,服务器端计算执行地点的选择将受到应用程序是否可以分割及进行并行计算的影响。如果应用程序不满足分割性和并行计算性,那么只能给本次计算分配一个物理节点。相反,如果应用程序具有可分割线并支持并行计算,那么卸载程序将可以分布式地在多个虚拟机节点进行计算。

3.3.4　总结

移动边缘计算中计算卸载技术将移动终端的计算任务卸载到边缘网络,解决了设备在资源存储、计算性能及能效等方面存在的不足。同时相比于云计算中的计算卸载,MEC解决了网络资源的占用、高时延和额外网络负载等问题。计算卸载算是边缘计算核心技术之一,边缘计算又是5G关键技术之一,关注5G的可以关注一下计算卸载。

3.4　边缘计算资源管理技术

边缘计算的资源管理是指对边缘计算系统中计算资源、存储资源和网络资源的管理和优化,是边缘计算技术中非常重要的技术之一。目的是为了给用户提供更加良好的服务质量体验(quality of experience,QoE)。

3.4.1　面向QoE优化的资源管理

MEC(mobile edge computing)是基于5G演进的架构,是将移动接入网与互联网业务深度融合的一种技术。MEC即将密集型计算任务迁移到附近的网络边缘服务器,降低核心网和传输网的拥塞与负担,减缓网络带宽压力,实现低时延,带来高带宽,提高万物互联时代数据处理效率,能够快速响应用户请求并提升服务质量;同时通过网络能力开放,应用还能实时调用访问网络信息,有助于应用体验的提升。MEC利用无线接入网络就近提供用户IT所需服务和云端计算功能,而建立一个具备高性能、低延迟与高带宽的服务环境,加速网络中各项内容、服务及应用的快速下载,让用户获得不间断的高质量网络体验。MEC一方面可以改善用户体验,节省带宽资源;另一方面通过将计算能力下沉到移动边缘节点,提供第三方应用集成,为移动边缘入口的服务创新提供了无限可能。移动网络和移动应用的无缝结合,将为应对各种OTT(over the top)应用提供了有力的武器。

3.4.1.1　MEC系统架构

MEC边缘云架构涉及基础设施层、虚拟化层、服务和业务能力层。

1. 基础设施层

MEC 的基础设施主要体现为边缘 DC 服务器，而服务器内部主要分为计算资源、存储资源、网络资源和加速资源。

运营商搭建 MEC 平台所选择的服务器形态主要包括通用服务器和边缘定制服务器。中兴通讯提供规格系列化服务器，匹配不同应用场景，满足不同场景需求。

2. 虚拟化层

虚拟化层目前比较成熟的方案是在 Hypervisor 上运行虚拟机（VM）的方式，每个虚拟机中运行相应的 VNF 虚拟化网络功能。虚拟机方式比较成熟，但是管理开销大，性能损耗也大，容器部署是未来的发展方向。容器可以为 MEC 提供更好的弹缩响应速度、系统容量的灵活性以及计算资源的利用率。容器支持两种部署形态，即容器部署在物理机上或容器部署在虚拟机内。

未来发展趋势是 MEC 上容器部署和虚拟机部署方式共存，容器部署方式将逐渐从虚拟机运行容器过渡到裸机容器部署方式。

3. 服务和业务能力层

MEC 平台能力可以分为网络能力服务、应用使能服务和网络连接服务。

网络能力服务包括 RNIS、LBS 定位、带宽管理等能力；应用使能服务包括 APP 管理，以及部署第三方 APP 的能力；网络连接能力是指 MEC 平台上可以部署其他无线类网元，例如 RAN 侧的 CU、核心网的 UPF 等均可以下沉到 MEC 平台部署。

3.4.1.2 MEC 的关键技术

（1）网络开放：MEC 可提供平台开放能力，在服务平台上集成第三方应用或在云端部署第三方应用。

（2）能力开放：通过公开 API 的方式为运行在 MEC 平台主机上的第三方 MEC 应用提供包括无线网络信息、位置信息等多种服务。能力开放子系统从功能角度可以分为能力开放信息、API 和接口。API 支持的网络能力开放主要包括网络及用户信息开放、业务及资源控制功能开放。

（3）资源开放：资源开放系统主要包括 IT 基础资源的管理（如 CPU、GPU、计算能力、存储及网络等）、能力开放控制以及路由策略控制。

（4）管理开放：平台管理系统通过对路由控制模块进行路由策略设置，可针对不同用户、设备或者第三方应用需求，实现对移动网络数据平面的控制。

（5）本地转发：MEC 可以对需要本地处理的数据流进行本地转发和路由。

（6）计费和安全。

（7）移动性：终端在基站之间移动，在小区之间移动，跨 MEC 平台的移动。

3.4.1.3 MEC 的功能

MEC 是以边缘网络+边缘计算资源为基础，提供连接、计算、能力、应用的积木式组合，为用户就近提供服务。MEC 架构如图 3-3 所示。

3.4.1.4 MEC 的优势

（1）网络与业务协同，实现差异化、定制化、灵活路由，打造低时延、高带宽的智能连接。

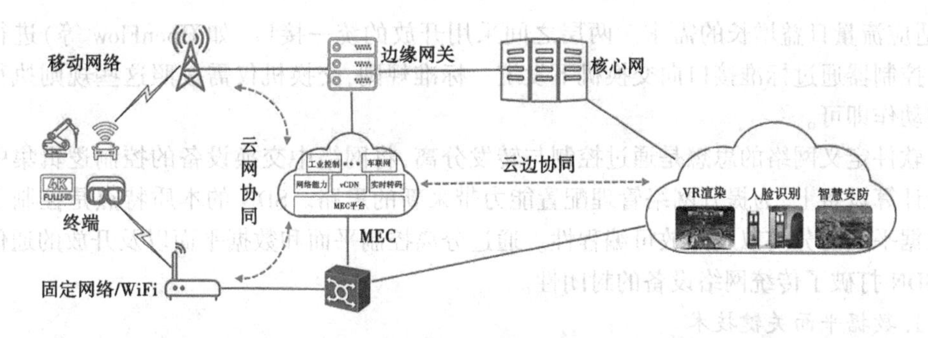

图3-3　MEC架构

(2)云边能力协同,延展云服务边界,改善云服务质量,打造便捷的、无处不在的云。

(3)提供以"连接+计算"为基础,以连接为切入点,计算、能力、应用灵活组合的全新服务,突破业务边界。

3.4.1.5　MEC在网络中的位置

MEC就近提供用户所需服务和云端计算功能,创造出具备高性能、低延迟与高带宽的服务环境,加速网络中各项内容、服务及应用的快速下载,让消费者享有不间断的高质量网络体验。MEC在网络中的位置如图3-4所示。

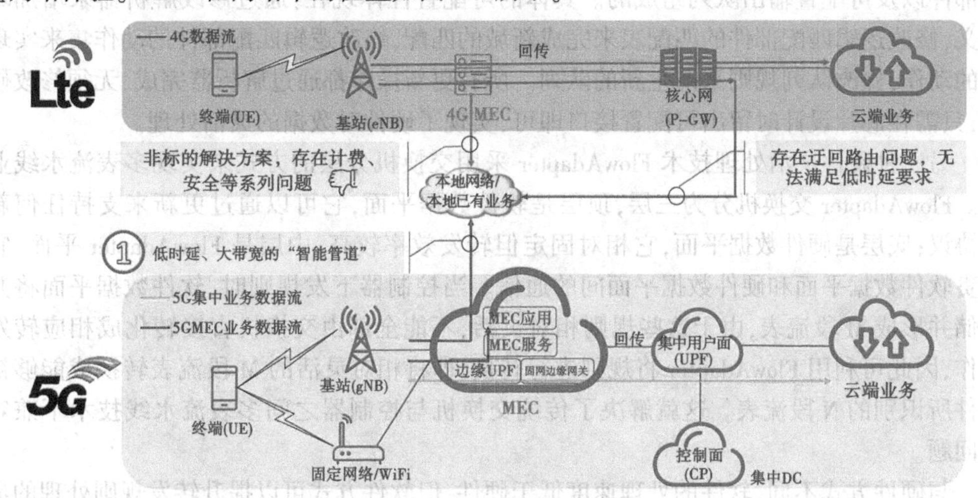

图3-4　MEC在网络中的位置

3.4.1.6　软件定义网络

软件定义的网络(SDN)是Emulex网络的一种新型网络创新架构,是网络虚拟化的一种实现方式,其核心技术OpenFlow通过将网络设备控制面与数据面分离开来,从而实现了网络流量的灵活控制,使网络作为管道变得更加智能。SDN是管理网络的一种手段。它通过将转发平面与控制平面分开来实现此目的。因此,SDN是一种通过网络管理补充网络功能虚拟化(NFV)的方法。利用分层的思想,SDN将数据与控制相分离。在控制层,包括具有逻辑中心化和可编程的控制器,可掌握全局网络信息,方便运营商和科研人员管理配置网络和部署新协议等。在数据层,包括哑的交换机(与传统的二层交换机不同,专指用于转发数据的设备),仅提供简单的数据转发功能,可以快速处理匹配的数据包，适应流量日益增长的需求。两层之间采用开放的统一接口（如 OpenFlow 等）进行交互。控制器通过标准接口向交换机下发统一标准规则，交换机仅需按照这些规则执行相应的动作即可。

软件定义网络的思想是通过控制与转发分离，将网络中交换设备的控制逻辑集中到一个计算设备上，为提升网络管理配置能力带来新的思路。SDN 的本质特点是控制平面和数据平面的分离以及开放可编程性。通过分离控制平面和数据平面以及开放的通信协议，SDN 打破了传统网络设备的封闭性。

1. 数据平面关键技术

在 SDN 中，数据转发与规则控制相分离，交换机将转发规则的控制权交由控制器负责，而它仅根据控制器下发的规则对数据包进行转发。为了避免交换机与控制器频繁交互，双方约定的规则是基于流而并非基于每个数据包的。

SDN 交换机的数据转发方式大体分为硬件和软件两种。硬件方式相比软件方式具有更快的速度，但灵活性会有所降低。为了使硬件能够更加灵活地进行数据转发操作，Bosshart 等提出了 RMT 模型，该模型实现了一个可重新配置的匹配表，它允许在流水线阶段支持任意宽度和深度的流表。从结构上看，理想的 RMT 模型是由解析器、多个逻辑匹配部件以及可配置输出队列组成的。具体的可配置性体现在：通过修改解析器来增加域定义，修改逻辑匹配部件的匹配表来完成新域的匹配，修改逻辑匹配部件的动作集来实现新的动作，修改队列规则来产生新的队列。所有更新操作都通过解析器完成，无须修改硬件，只需在芯片设计时留出可配置接口即可，实现了硬件对数据的灵活处理。

另一种硬件灵活处理技术 FlowAdapter 采用交换机分层的方式来实现多表流水线业务。FlowAdapter 交换机分为三层，顶层是软件数据平面，它可以通过更新来支持任何新的协议；底层是硬件数据平面，它相对固定但转发效率较高；中层是 FlowAdapter 平面，它负责软件数据平面和硬件数据平面间的通信。当控制器下发规则时，软件数据平面将其存储并形成 M 段流表，由于这些规则相对灵活，不能全部由交换机直接转化成相应转发动作，因此可利用 FlowAdapter 将规则进行转换，即将相对灵活的 M 段流表转换成能够被硬件所识别的 N 段流表。这就解决了传统交换机与控制器之间多表流水线技术不兼容的问题。

与硬件方式不同，软件的处理速度低于硬件，但软件方式可以提升转发规则处理的灵活性。利用交换机 CPU 或 NP 处理转发规则可以避免硬件灵活性差的问题。由于 NP 专门用来处理网络任务，因此在网络处理方面，NP 略强于 CPU。

采用两段提交的方式来更新规则。首先，当规则需要更新时，控制器询问每个交换机是否处理完对应旧规则的流，确认后对处理完毕的所有交换机进行规则更新；之后当所有交换机都更新完毕时才真正完成更新，否则撤销之前所有的更新操作。然而，这种方式需要等待旧规则的流全部处理完毕后才能进行规则更新，会造成规则空间被占用的情况。增量式一致性更新算法可以解决上述问题，该算法将规则更新分多轮进行，每一轮都采用两段提交方式更新一个子集，这样可以节省规则空间。

2. 控制平面关键技术

控制器是控制平面的核心部件，也是整个 SDN 体系结构中的逻辑中心。随着 SDN

网络规模的扩展,单一控制器结构的SDN网络处理能力受限,遇到了性能瓶颈,因此需要对控制器进行扩展。目前存在两种控制器扩展方式:一种是提高自身控制器处理能力,另一种是采用多控制器方式。

并行控制器是Maestro,通过良好的并行处理架构,充分发挥了高性能服务器的多核并行处理能力,使其在大规模网络情况下的性能明显优于NOX。

采用多控制器扩展的方式来优化SDN网络。控制器一般可采用两种方式进行扩展:一种是扁平控制方式,另一种是层次控制方式。在扁平控制方式中,各控制器放置于不同的区域,分管不同的网络设备,各控制器地位平等,逻辑上都掌握着全网信息,依靠东西向接口进行通信,当网络拓扑发生变化时,所有控制器将同步更新,而交换机仅需调整与控制器间的地址映射即可,因此扁平控制方式对数据平面的影响很小。在层次控制方式中,控制器分为局部控制器和全局控制器,局部控制器管理各自区域的网络设备,仅掌握本区域的网络状态,而全局控制器管理各局部控制器,掌握着全网状态,局部控制器间的交互也通过全局控制器来完成。

3.4.2 面向能效优化的资源管理

在基于边缘计算技术的移动网络中,边缘计算服务器同时作为缓存服务器、计算服务器和控制节点等多重身份。在基于边缘计算技术的移动网络中,能耗主要包括数据传输能耗、任务计算能耗和缓存能耗。

3.4.2.1 数据传输能耗

数据传输能耗主要包括从边缘计算服务器到用户之间的无线传输能耗和从源服务器到边缘计算服务器之间的回传能耗。从源服务器到缓存服务器之间的回传能耗只在缓存服务器无法满足用户请求的情况下产生。数据传输能耗多采用能量比例模型,主要与传输带宽、信道的传输功率和数据量有关。

3.4.2.2 任务计算能耗

任务计算能耗主要是由边缘计算服务器执行计算任务而产生的能耗。

3.4.2.3 缓存能耗

边缘服务器缓存数据所产生的能耗。包括将数据写入缓存的能耗、数据存储的能耗、数据从中读出缓存的能耗。

3.4.2.4 动态自适应视频流技术

将完整的视频分割成等长或不等长的视频小片段,以视频小片段为单位,以不同的比特率编码,并根据网络的实时状况传输相应比特率版本的视频小片段。

3.4.3 面向协作机制的资源管理

边缘计算主要采用的是分布式部署方式,每个MEC节点具有一定的计算、存储能力,为连接到该节点的终端提供相应服务。基于分布式部署的MEC,强化边缘计算每个节点间的协作是非常重要的。相邻的服务器可以协作进行缓存和计算。当本地MEC服务器缓存空间不足,或者计算能力不足,可以调用其他空闲的MEC服务器,协作完成缓存任务和计算任务。

(1)移动边缘计算资源感知的资源调度算法。根据终端设备的位置状态和资源需求状态,在边缘计算环境中找到与之匹配的计算、存储和网络资源节点进行协同,完成对应流任务的处理。

(2)边缘计算协作机制的特点。

①高效自动化。自动完成服务功能、资源调度、故障检测与处理等。

②分布式资源优化。通过多种资源调度策略对系统资源进行统筹调度。

③简洁高效管理。

④虚拟资源与物理资源的整合。

3.5 边缘计算移动性管理

边缘计算移动性管理是指随着用户设备(user equipment,UE)在移动边缘主机(mobile edge host,MEH)的范围内移动或是在不同的 MEH 之间移动时,MEH 均能和 UE 通信,并能够为其提供连续而又高质量的移动边缘服务能力。

3.5.1 边缘计算移动性管理的特点

(1)不间断服务。

(2)支持应用系统的迁移。

(3)支持用户设备状态信息的迁移。

3.5.2 术语

(1)迁移决策。根据用户设备的需求和移动边缘系统的整体状况,判断是否需要服务迁移。

(2)迁移指标。衡量迁移过程的标准。有迁移时间、迁移中传输数据大小、服务连续性、服务中断时间长短、是否支持应用 IP 地址更改等。

(3)迁移触发。启动迁移过程的事件,如负载平衡、性能优化、策略一致性和按需迁移请求。

(4)迁移阶段。迁移起始、迁移决策、迁移准备、迁移执行及迁移完成。

3.5.3 边缘计算移动性管理流程

(1)用户设备承载变化的检测。一个用户设备在网络中移动会使承载路径发生变化,从而使信息传输通道或者传输路径等发生改变。

(2)服务迁移管理。

(3)应用迁移。

(4)规则更新。

(5)终止原主机的相关服务。

3.6 边缘计算安全及隐私保护技术

边缘计算已经广泛应用于智能电网、智能工厂、智慧城市等关键领域。但由于边缘计算分布广、环境复杂、数量庞大、在计算和存储上资源受限,并且很多应用在设计之初未能完备地考虑安全风险,传统的安全防护手段已经不能完全适应边缘计算的防护需求。涉及边缘计算的物联网比传统互联网更加复杂,安全防护更加困难,有很多系统在设计之初未考虑安全,如果它们一旦被攻击控制,那么带来的将是整个城市的生命安全,甚至危害国家安全。边缘计算安全服务模型如图3-5所示。

安全态势感知
大数据安全分析(感知)
高级威胁检测 | 关联分析
威胁呈现与溯源 | 安全合规审计

安全管理编排
全网主动防护管理
应用编排安全 | 安全服务生命周期管理
资源池管理调度安全 | 统一安全策略与编排

应用安全: 白名单(文件、访问行为) | 恶意代码防范 | WAF | 安全检测和响应 | 应用安全审计 | 软件加固和补丁 | 安全配置管理 | 沙箱

数据安全: 数据隔离/销毁 | 数据防篡改 | 加密(传输过程中+存储) | 隐私保护(脱敏) | 数据访问控制 | 数据防泄漏

网络安全: 已有传输协议安全性的重用(例如REST已有的安全特性) | Firewall | IPS/IDS | AntiDDoS | VPN/TLS

节点安全: 安全/可靠 远程升级 | 轻量级可信计算 | ECN安全 | 硬件Safety | 软件加固和安全配置

安全运维体系: 运维监控 | 应急响应

身份和认证管理: 证书管理(集中式、分布式) | 认证管理(集中式、分布式)

图3-5 边缘计算安全服务模型

从安全角度分析,边缘计算架构在安全上的设计和实现,一方面要考虑到传统安全能力在边缘计算中的实现,比如安全功能需要能够适配边缘计算的特定架构;安全功能要能够灵活地进行部署和扩展;安全功能要具备在一定时间内持续抵抗攻击的能力;能够容忍一定程度和范围内的功能失效,但基础功能始终保持运行;具有高度的可用性及故障恢复能力。另一方面,考虑到边缘计算主要的应用场景是存在于IOT系统中,那么基于IOT设备特有的特点,在安全设计上,需要做到特定安全能力方面的考虑,比如安全功能的轻量化,保证安全功能能够部署在各类硬件资源受限的IOT设备中;海量异构的设备接入使得传统的基于信任的安全模型不再适用,需要按照最小授权原则重新设计安全模型(白名

单)；在关键的节点设备(例如智能网关)实现网络与域的隔离，对安全攻击和风险范围进行控制，避免攻击由点到面扩展；安全和实时态势感知无缝嵌入到整个边缘计算架构中，实现持续的检测与响应；尽可能依赖自动化实现，但是人工干预时常也需要发挥作用。

第4章　云计算技术

云计算是继互联网、计算机后在信息时代的又一种革新,云计算是信息时代的大飞跃,未来的时代可能是云计算的时代,虽然目前有关云计算的定义有很多,但总体上来说,云计算虽然有许多含义,但概括来说,云计算的基本含义是一致的,即云计算具有很强的扩展性和需要性,可以为用户提供一种全新的体验,云计算的核心是可以将很多的计算机资源协调在一起,因此使用户通过网络就可以获取到无限的资源,同时获取的资源不受时间和空间的限制。

云计算就是一种提供资源的网络,使用者可以随时获取“云”上的资源,按需求量使用,并且可以看成是无限扩展的,只要按使用量付费就可以。

从广义上说,云计算是与信息技术、软件、互联网相关的一种服务,这种计算资源共享池叫作“云”,云计算把许多计算资源集合起来,通过软件实现自动化管理,只需要很少的人参与,就能让资源被快速提供。也就是说,计算能力作为一种商品,可以在互联网上流通,就像水、电、煤气一样,可以方便地取用,且价格较为低廉。

总之,云计算不是一种全新的网络技术,而是一种全新的网络应用概念,云计算的核心概念就是以互联网为中心,在网站上提供快速且安全的云计算服务与数据存储,让每一个使用互联网的人都可以使用网络上的庞大计算资源与数据中心。

4.1　云计算基本知识

4.1.1　云计算的概念

云计算(cloud computing),是一种分布式计算技术,透过网络将庞大的计算处理程序自动分拆成无数个较小的子程序,再交由多个服务器所组成的庞大系统经搜寻、计算分析之后将处理结果回传给用户。通过这项技术,网络服务提供者可以在数秒之内,达成处理数以千万计甚至亿计的信息,达到和超级计算机同样强大效能的网络服务。

云计算是由IBM定义的,它表示通过Internet连接,根据使用目的向用户提供计算机资源。这些资源可以是与计算和计算机有关的任何资源,例如软件、硬件、网络基础设施、服务器和大型服务器网络。

美国国家标准与技术研究院(NIST)定义:云计算是一种按使用量付费的模式,这种模式提供可用的、便捷的、按需的网络访问,进入可配置的计算资源共享池(资源包括网络、服务器、存储、应用软件、服务),这些资源能够被快速提供,只需要投入很少的管理工作,或与服务供应商进行很少的交互。

首先对云计算这三个字的理解:云,是网络、互联网的一种比喻说法,即互联网与建立互联网所需要的底层基础设施的抽象体;计算,当然不是指一般的数值计算,指的是一台足够强大的计算机提供的计算服务(包括各种功能、资源、存储);云计算,可以理解为网络上足够强大的计算机为用户提供服务,只是这种服务是按用户的使用量进行付费的。

4.1.2 云技术(cloud technology)

云技术是指在广域网或局域网内将硬件、软件、网络等系列资源统一起来,实现数据的计算、储存、处理和共享的一种托管技术。

4.1.3 云平台

云平台是基于云计算技术搭建的,集硬件、软件、网络基础设施、数据中心为一体的应用导向性的服务平台,它将企业的各类信息化需求按功能拆分成不同的模块,以标准化组件的形式集成在这一平台之上。“云平台”所提供的应用服务均通过互联网提供给使用者。“云平台”自身具有开放性、可扩展性,支持无缝升级,其标准化接口能够灵活对接多种应用服务,使服务内容能够不断扩展延伸。云平台的资源对用户来说可以随时获取、按需选用、随时扩展、按使用付费。

4.1.4 云存储(cloud storage)

云存储是一种网上在线存储的模式,即把数据存放在通常由第三方托管的多台虚拟服务器,而非专属的服务器上。

云存储是在云计算概念上延伸和发展出来的一个新的概念,是一种新兴的网络存储技术,是指通过集群应用、网络技术或分布式文件系统等功能,将网络中大量各种不同类型的存储设备通过应用软件集合起来协同工作,共同对外提供数据存储和业务访问功能的系统。当云计算系统运算和处理的核心是大量数据的存储和管理时,云计算系统中就需要配置大量的存储设备,那么云计算系统就转变成为一个云存储系统,所以云存储是一个以数据存储和管理为核心的云计算系统。简单来说,云存储就是将储存资源放到“云”上供人存取的一种新兴方案。使用者可以在任何时间、任何地方,透过任何可连网的装置连接到“云”上方便地存取数据。

4.2 云计算的特点

(1)超大规模。

大多数云计算中心都具有相当的规模,比如,Google 云计算中心已经拥有几百万台服务器,而 Amazon、IBM、微软、Yahoo 等企业所掌控的云计算规模也毫不逊色,并且云计算中心能通过整合和管理这些数目庞大的计算机集群来赋予用户前所未有的计算和存储能力。

(2)抽象化。

云计算支持用户在任意位置、使用各种终端获取应用服务,所请求的资源都来自

"云",而不是固定的有形实体。应用在"云"中某处运行,但实际上用户无需了解,也不用担心应用运行的具体位置,这样有效地简化了应用的使用。

(3)高可靠性。

在这方面,云计算中心在软硬件层面采用了诸如数据多副本容错、心跳检测和计算节点同构可互换等措施来保障服务的高可靠性,还在设施层面上的能源、制冷和网络连接等方面采用了冗余设计来进一步确保服务的可靠性。

(4)通用性。

云计算中心很少为特定的应用存在,但其有效支持业界大多数的主流应用,并且一个"云"可以支撑多个不同类型应用的同时运行,并保证这些服务的运行质量。

(5)高可扩展性。

用户所使用"云"的资源可以根据其应用的需要进行调整和动态伸缩,并且再加上前面所提到的云计算中心本身的超大规模,使得"云"能有效地满足应用和用户大规模增长的需要。

(6)按需服务。

"云"是一个庞大的资源池,用户可以按需购买,就像自来水、电和煤气等公用事业那样根据用户的使用量计费,并无需任何软硬件和设施等方面的前期投入。

(7)廉价。

首先,由于云计算中心本身巨大规模所带来的经济性和资源利用率的提升;其次,"云"大都采用廉价和通用的 X86 节点来构建,因此用户可以充分享受云计算所带来的低成本优势,经常只要花费几百美元就能完成以前需要数万美元才能完成的任务。

(8)自动化。

"云"中不论是应用、服务和资源的部署,还是软硬件的管理,都主要通过自动化的方式来执行和管理,从而极大地降低整个云计算中心庞大的人力成本。

(9)节能环保。

云计算技术能将许许多多分散在低利用率服务器上的工作负载整合到云中,来提升资源的使用效率,而且云由专业管理团队运维,所以其 PUE(power usage effectiveness ,电源使用效率)值和普通企业的数据中心相比出色很多,比如, Google 数据中心的 PUE 值在 1.2 左右,也就是说,每一块钱的电力花在计算资源上,只需再花两角钱电力在制冷等设备,而常见的 PUE 值在 2 和 3 之间,并且还能将"云"建设在水电厂等洁净资源旁边,这样既能进一步节省能源方面开支,又能保护环境。

(10)完善的运维机制。

在"云"的另一端,有全世界最专业的团队来帮用户管理信息,有全世界最先进的数据中心来帮用户保存数据。同时,严格的权限管理策略可以保证这些数据的安全。这样,用户无需花费重金就可以享受到最专业的服务。

这些特点的存在,使得云计算能为用户提供更方便的体验和更低廉的成本,同时这些特点也是为什么云计算能脱颖而出,并且能被大多数业界人员所推崇的原因之一。

云计算是通过把一台台的服务器连接起来,使服务器之间可以相互进行数据传输,数据就像网络上的"云"一样在不同服务器之间"飘",同时通过网络向用户提供服务。

4.3 云计算的分类

云计算按照部署模式可以分为私有云、公有云、混合云3种，不同的部署模式对基础架构提出了不同的要求。

4.3.1 私有云

私有云(Private Clouds)是部署在企业内部，服务于内部用户的云计算类型。

私有云是为一个企业单独使用而构建的，因而提供对数据、安全性和服务质量的最有效控制。该企业拥有基础设施，并可以控制在此基础设施上部署应用程序的方式。私有云可部署在企业数据中心的防火墙内，也可以将它们部署在一个安全的主机托管场所。

私有云可由公司自己的IT机构，也可由云提供商进行构建。在此“托管式专用”模式中，像Sun、IBM这样的云计算提供商可以安装、配置和运营基础设施，以支持一个公司企业数据中心内的专用云。此模式赋予公司对于云资源使用情况的极高水平的控制能力，同时带来建立并运作该环境所需的专门知识。

私有云的优点如下：

(1)数据安全。

虽然每个公有云的提供商都对外宣称，其服务在各方面都是非常安全的，特别是对数据的管理。但是对企业而言，特别是大型企业，与业务有关的数据是它的生命线，是不能受到任何形式的威胁的，所以短期而言，大型企业是不会将其Mission-Critical的应用放到公有云上运行的。而私有云在这方面是非常有优势的，因为它一般都构筑在防火墙后。

(2)服务质量(SLA)。

因为私有云一般在防火墙之后，而不是在某一个遥远的数据中心中，所以当公司员工访问那些基于私有云的应用时，它的SLA应该会非常稳定，不会受到网络不稳定的影响。

(3)充分利用现有硬件资源和软件资源。

大家也知道每个公司，特别是大公司都会有很多老旧设备的应用，而且老旧设备大多都是其核心应用。虽然公有云的技术很先进，但却对老旧设备的应用支持不好，因为很多都是用静态语言编写的，以Cobol、C、C++和Java为主，而现有的公有云对这些语言支持很一般。但私有云在这方面就不错，比如IBM推出的cloudburst，通过cloudburst，能非常方便地构建基于Java的私有云。而且一些私用云的工具能够利用企业现有的硬件资源来构建“云”，这样将极大地降低企业的成本。

(4)不影响现有IT管理的流程。

对大型企业而言，流程是其管理的核心，如果没有完善的流程，企业将会成为一盘散沙。不仅与业务有关的流程非常繁多，而且IT部门的流程也不少，比如那些和SarbanesOxley相关的流程，并且这些流程对IT部门非常关键。在这方面，公有云很吃亏，因为假如使用公有云，将会对IT部门流程有很多的冲击，比如在数据管理方面和安全规定等方面。而在私有云，因为它一般在防火墙内，所以对IT部门流程冲击不大。

4.3.2　公有云

公有云计算是指由一些公司运营和拥有,这些公司使用这种云为其他组织和个人提供对价格合理的计算资源的快速访问。使用公共云服务,用户无须购买硬件、软件或支持基础架构,这些都是由提供商拥有并管理的。

公有云一般是由云服务运营商搭建,面向公众的云计算类型。

公有云一般可通过 Internet 使用,可能是免费或成本低廉的。这种"云"有许多实例,可在当今整个开放的公有网络中提供服务。

公有云被认为是云计算的主要形态。目前在国内发展如火如荼,根据市场参与者类型分类,可以分为以下四类:

(1)传统电信基础设施运营商。包括中国移动、中国联通和中国电信。

(2)政府主导下的地方云计算平台。如各地如火如荼的各种"××云"项目。

(3)互联网巨头打造的公有云平台。如盛大云。

(4)部分原 IDC 运营商。如世纪互联。

4.3.2.1　公有云的优点

(1)工作负荷规模化。

一个数据中心可以通过多重途径受益于向云的拓展,其中一项就是工作负载的扩增。也许在某些时候用户的组织需要运行一个超出本地数据中心可以轻松处理范畴的生产工作负载。

(2)业务持续性。

另一个基于"云"的 VM 优势是在设备故障或者物理灾难发生时对业务的保护性。

要防止数据中心故障,一些企业构建了跨多个数据中心的地理集群。这样,如果一起自然灾害摧毁了一个企业的主数据中心,关键任务的工作负载将自动转移到备用数据中心上。

4.3.2.2　公有云的缺点

(1)多租户环境。

公有云最大的缺点之一是它的多租户环境。运行用户虚拟机(VM)的主机服务器多半也会托管其他公司的 VM。正因如此,公有云提供商不会给用户对虚拟管理程序的访问权限,这样用户就不能安装主机级别的工具,比如防毒软件或者备份代理。这也意味着用户不能把一个虚拟设备加入到一个现有的域或集群中。还有一些安全上的隐患,以及源自云本身或者 WAN 故障产生的宕机可能。

(2)不可预知的成本。

另一个在"云"里运行 VM 的缺点是成本可能变得极度不可预测。公有云提供商从来都不是以使用简单定价模型著称。

通常情况下,是基于用户所消费的资源来计费。这包括存储资源、CPU、内存和存储 I/O。资源消耗在一天的不同时间进行计费方式可能会不同,并非所有的活动都是一视同仁。有些云提供商按照各类 CPU 功能的不同,以不同的速率进行结算。

(3)备份的复杂化。

公有云的另一个缺点是会让用户的备份过程复杂化。如果用户有一个运行在“云”里的关键任务的VM,那么用户需要找到一种方式来备份。

尽管大多数云服务提供商会自己进行备份,他们不需要为客户提供恢复服务。因此,用户也许需要备份自己的基于云的VM到自己本地的数据中心或者到另一个公有云运行的备份服务器上。

4.3.3 混合云

混合云计算指混合了私有云计算和公有云计算的云计算服务。混合云计算能够综合私有云计算和公有云计算服务的优势并实现两者之间的良好协调,它为企业用户带来了融合两者的最佳应用体验。

混合云是近年来云计算的主要模式和发展方向。它将公有云和私有云进行混合和匹配,以获得最佳的效果,这种个性化的决绝方案,达到既省钱又安全的目的。

4.3.3.1 混合云的特点

(1)安全性。

混合云计算的安全性问题应重点关注用户管理、访问控制和加密。

(2)账户管理与计费。

收费则是另一个需要特别关注的方面。没有人会希望每个月收到账单时都会有惊讶,所以让用户能够按需访问获知当前费用以及下一个结算周期的预测是非常重要的。

(3)资源配置。

混合云计算的一个主要卖点就是它们允许用户在内部部署云计算或公共云计算中运行工作负载,选择哪个云计算则主要取决于哪一个更适合于组织。虽然这一点听上去似乎非常简单,但是其复杂性就在于此。

安全性、账户管理与计费,以及资源配置是混合云计算高效管理的支柱。安全性最佳实践已经非常成熟了,但是账户计费和资源配置则在很大程度上取决于用户的特殊需求。

4.3.3.2 混合云计算的优点

(1)充分利用容器技术。

混合云计算实现了容器技术的价值最大化,这项技术使得在私有云和公共云之间进行工作负载迁移变得更为简便。容器把应用程序工作负载封装起来,从而实现了它们在不同云计算平台之间进行轻松迁移,也就是所谓的便携性。

(2)资源自动化。

云计算管理平台(CMP)为企业提供了一个针对混合云计算服务配置和管理的自动化方法。CMP把资源放在橱窗中,它允许企业从一个单一域中使用良好的自动化方法和控制措施来管理这些资源。这种方法较处理复杂无序的原生接口要更胜一筹。

(3)实现沉睡硬件成本的价值最大化。

混合云计算赋予了企业使用沉睡硬件成本的能力。例如,如果一家企业已经购买了数据采集和监控系统硬件,当迁移至公共云计算时这些硬件投入就失去了意义。在很多情况下,维护一个私有云计算作为混合云计算的一部分可能要比完全依赖公共云计算更具成本效益。这是因为硬件投资是既有投入,而混合云计算方法可以有助于唤醒这部分的价值。

4.3.3.3　混合云计算实施步骤

就目前而言,有以下3种不同的方式可供选择以实施混合云计算:

(1)通过横跨内部存储设备和公共云计算存储服务的存储软件。

(2)通过云计算存储网关。

(3)通过应用程序集成。

4.3.4　与公有云相比,私有云的特点

(1)安全。私有云的服务对象被限制在企业内部,因此私有云的建设、运营和使用都是在企业内部完成的,对外不提供公开接口,因此会相对安全。

(2)成本固定。云环境中通常是根据每单元存储收费的。用户只需根据服务水平协议对实际使用的部分付费,而不是根据分配的空间或者某一个标准。

(3)可用性。在用户需要的时候,空间需要能够被及时分配,并且要求能在使用完后及时地收回。

(4)服务质量。需要有详细的服务水平描述并严格参照执行。可衡量的标准可以用于定义用户能得到怎样的响应时间、恢复时间及活动时间的支持。

4.4　云计算架构

4.4.1　显示层

多数数据中心云计算架构的显示层主要是用于以友好的方式展现用户所需的内容和服务体验,并会利用到下面中间件层提供的多种服务,主要有以下5种技术:

(1)HTML:标准的Web页面技术。

(2)JavaScript:一种用于Web页面的动态语言,通过JavaScript,能够极大地丰富Web页面的功能,并且用以JavaScript为基础的AJAX创建更具交互性的动态页面。

(3)CSS:主要用于控制Web页面的外观,而且能使页面的内容与其表现形式之间进行优雅地分离。

(4)Flash:业界最常用的RIA(rich internet applications)技术,能够在现阶段提供HTML等技术所无法提供的基于Web的富应用,而且在用户体验方面,非常不错。

(5)Silverlight:来自业界巨擎微软的RIA技术,虽然其现在市场占有率稍逊于Flash,但由于其可以使用C#来进行编程,所以对开发者非常友好。

4.4.2　中间层

中间层是承上启下的,它在基础设施层所提供资源的基础上提供了多种服务,比如缓存服务和REST服务等,而且这些服务即可用于支撑显示层,也可以直接让用户调用,并

主要有以下 5 种技术：

(1)REST。通过 REST 技术,能够非常方便和优雅地将中间件层所支撑的部分服务提供给调用者。

(2)多租户。就是能让一个单独的应用实例可以为多个组织服务,而且保持良好的隔离性和安全性,并且通过这种技术,能有效地降低应用的购置和维护成本。

(3)并行处理。为了处理海量的数据,需要利用庞大的 X86 集群进行规模巨大的并行处理,Google 的 MapReduce 是这方面的代表之作。

(4)应用服务器。在原有的应用服务器的基础上为云计算做了一定程度的优化,比如用于 Google App Engine 的 Jetty 应用服务器。

(5)分布式缓存。通过分布式缓存技术,不仅能有效地降低对后台服务器的压力,而且还能加快相应的反应速度,最著名的分布式缓存例子莫过于 Memcached。

4.4.3　基础设施层

基础设施层的作用是为给上面的中间层或者用户准备其所需的计算和存储等资源,主要有以下 4 种技术：

(1)虚拟化。也可以理解它为基础设施层的“多租户”,因为通过虚拟化技术,能够在一个物理服务器上生成多个虚拟机,并且在这些虚拟机之间能实现全面的隔离,这样不仅能减低服务器的购置成本,而且还能同时降低服务器的运维成本,成熟的 X86 虚拟化技术有 VMware 的 ESX 和开源的 Xen。

(2)分布式存储。为了承载海量的数据,同时也要保证这些数据的可管理性,所以需要一整套分布式的存储系统。

(3)关系型数据库。基本是在原有的关系型数据库的基础上做了扩展和管理等方面的优化,使其在“云”中更适应。

(4)NoSQL。为了满足一些关系数据库所无法满足的目标,比如支撑海量的数据等,一些公司特地设计一批不是基于关系模型的数据库。

4.4.4　管理层

这层是为横向的三层服务的,并给这三层提供多种管理和维护等方面的技术,主要有以下 6 个方面：

(1)账号管理。通过良好的账号管理技术,能够在安全的条件下方便用户登录,并方便管理员对账号的管理。

(2)SLA 监控。对各个层次运行的虚拟机、服务和应用等进行性能方面的监控,以使它们都能在满足预先设定的 SLA(service level agreement)的情况下运行。

(3)计费管理。也就是对每个用户所消耗的资源等进行统计,来准确地向用户索取费用。

(4)安全管理。对数据、应用和账号等 IT 资源采取全面地保护,使其免受犯罪分子和恶意程序的侵害。

(5)负载均衡。通过将流量分发给一个应用或者服务的多个实例来应对突发情况。

(6)运维管理。主要是使运维操作尽可能地专业和自动化,从而降低云计算中心的运维成本。

云计算架构其中有三层是横向的,分别是显示层、中间件层和基础设施层,通过这三层技术能够提供非常丰富的云计算能力和友好的用户界面,云计算架构还有一层是纵向的,称为管理层,是为了更好地管理和维护横向的三层而存在的。

4.4.5　云计算架构分层

一般来说,目前大家比较公认的云架构是划分为基础设施层、平台层和软件服务层三个层次的,对应名称为 IaaS、PaaS 和 SaaS,如图 4-1 所示。

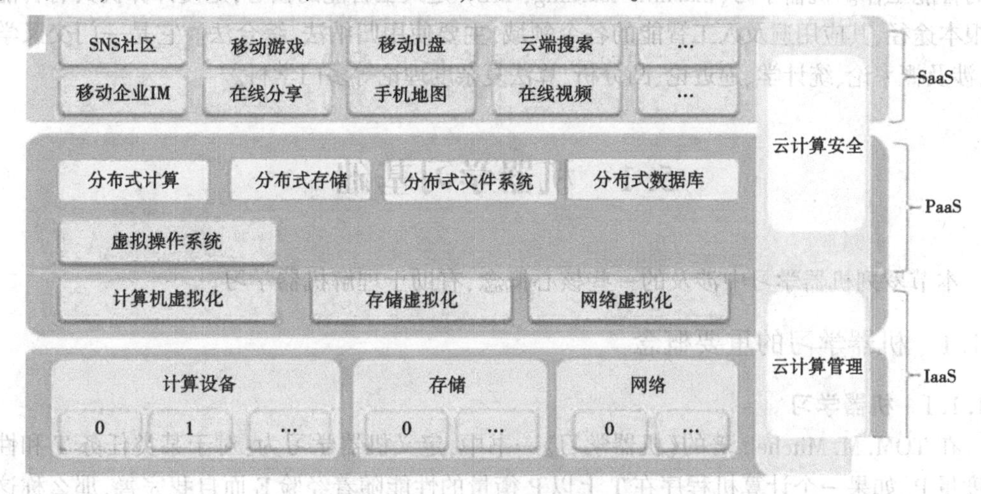

图 4-1　云计算架构

IaaS(Infrastruc as a Service)主要包括计算机服务器、通信设备、存储设备等,能够按需向用户提供计算能力、存储能力或网络能力等 IT 基础设施类服务,也就是能在基础设施层面提供的服务。现在 IaaS 能够得到成熟应用的核心在于虚拟化技术,通过虚拟化技术可以将形形色色的计算设备统一虚拟化为虚拟资源池中的计算资源,将存储设备统一虚拟化为虚拟资源池中的存储资源,将网络设备统一虚拟化为虚拟资源池中的网络资源。当用户订购这些资源时,数据中心管理者直接将订购的份额打包提供给用户,从而实现了 IaaS。

PaaS(Platform as a Service)如果以传统计算机架构中"硬件+操作系统/开发工具+应用软件"的观点来看待,那么云计算的平台层应该提供类似操作系统和开发工具的功能。实际上也的确如此,PaaS 定位于通过互联网为用户提供一整套开发、运行和运营应用软件的支撑平台。就像在个人计算机软件开发模式下,程序员可能会在一台装有 Windows 或 Linux 操作系统的计算机上使用开发工具开发并部署应用软件一样。微软公司的 Windows Azure 和谷歌公司的 GAE,可以算是目前 PaaS 平台中最为知名的两个产品了。

SaaS(Software as a Service)就是一种通过互联网提供软件服务的软件应用模式。在这种模式下,用户不需要再花费大量投资用于硬件、软件和开发团队的建设,只需要支付一定的租赁费用,就可以通过互联网享受到相应的服务,而且整个系统的维护也由厂商负责。

第5章 机器学习

著名的美国斯坦福大学人工智能研究中心尼尔逊教授对人工智能下了这样一个定义：人工智能是关于知识的学科——怎样表示知识以及怎样获得知识并使用知识的科学。而美国麻省理工学院的温斯顿教授认为：人工智能就是研究如何使计算机去做过去只有人才能做的智能工作。机器学习(machine learning, ML)是人工智能的核心，是使计算机具有智能的根本途径，其应用遍及人工智能的各个领域，主要使用归纳法、综合法。它是一门交叉学科，涉及概率论、统计学、逼近论、凸分析、算法复杂度理论等多门学科。

5.1 机器学习基础

本节罗列机器学习中涉及的一些核心概念，有助于理解机器学习。

5.1.1 机器学习的重要概念

5.1.1.1 机器学习

在TOM. M. Mitchell著的《机器学习》一书中，定义机器学习为：对于某类任务T和性能度量P，如果一个计算机程序在T上以P衡量的性能随着经验E而自我完善，那么称这个计算机程序在从经验E中学习。

5.1.1.2 机器学习的样本

机器学习的样本是指机器学习对象的单个实例。

5.1.1.3 模型

模型，这一词语将会贯穿整个教程的始末，它是机器学习中的核心概念。它是一个函数或一组函数，它将输入数据或信号转换成输出结果。整个机器学习的过程都将围绕模型展开，训练出一个最优质的模型，尽量精准地实现目标结果，这就是机器学习的目标。

5.1.1.4 数据集

数据集，从字面意思很容易理解，它表示一个承载数据的集合。数据集可划分为“训练集”和“测试集”，它们分别在机器学习的“训练阶段”和“预测输出阶段”起着重要的作用。

5.1.1.5 样本、特征

样本指的是数据集中的数据，一条数据被称为“一个样本”，通常情况下，样本会包含多个特征值用来描述数据，比如现在有一组描述人形态的数据“180 70 25”，如果单看数据会非常茫然，但是用“特征”描述后就会变得容易理解，如图5-1所示。

身高/cm	体重/kg	年龄
180	70	25

图5-1

由图5-1可知，数据集的构成是“一行一样本，一列一特征”。特征值也可以理解为数据的相关性,每一列的数据都与这一列的特征值相关。

5.1.1.6 向量

向量是机器学习的关键术语。向量在线性代数中有着严格的定义。向量也称欧几里得向量、几何向量、矢量,指具有大小和方向的量。可以形象地把它理解为带箭头的线段。箭头所指:代表向量的方向;线段长度:代表向量的大小。与向量对应的量叫作数量(物理学中称标量),数量只有大小,没有方向。

在机器学习中,模型算法的运算均基于线性代数运算法则,比如行列式、矩阵运算、线性方程等。

5.1.1.7 矩阵

矩阵也是一个常用的数学术语,可以把矩阵看成由向量组成的二维数组,数据集就是以二维矩阵的形式存储数据的,可以把它形象地理解为电子表格“一行一样本,一列一特征”,表现形式如图 5-2 所示。

样本序号	A特征	B特征	C特征	D特征	E结果
1	x1	x2	x3	x4	y1
2	x1	x2	x3	x4	y2
3	x1	x2	x3	x4	y3
4	x1	x2	x3	x4	y4
5	x1	x2	x3	x4	y5
6	x1	x2	x3	x4	y6

图 5-2 一行一样本,一列一特征

如果用二维矩阵表示,其格式如图 5-3 所示。

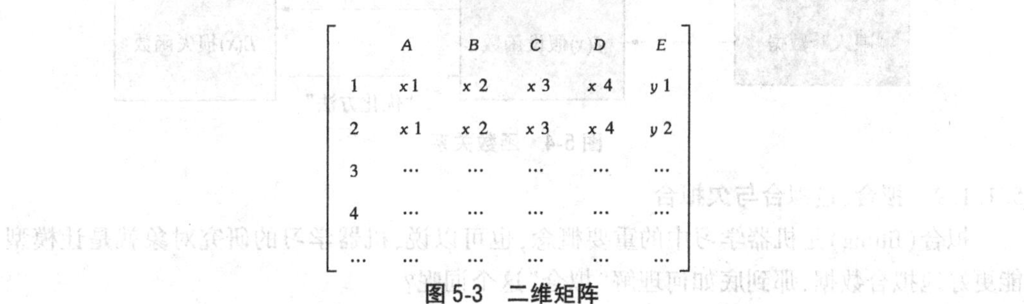

图 5-3 二维矩阵

5.1.1.8 假设函数与损失函数

机器学习在构建模型的过程中会应用大量的数学函数,正因为如此,很多初学者对此产生畏惧,其实并没有大家想的那么可怕。从编程角度来看,这些函数就相当于模块中内置好的方法,只需要调用相应的方法就可以达成想要的目的。而要说难点,首先要理解应用场景,然后根据实际的场景去调用相应的方法,这才是大家更应该关注的问题。

假设函数和损失函数是机器学习中的两个概念,它并非某个模块下的函数方法,而是根据实际应用场景确定的一种函数形式,就像解决数学的应用题目一样,根据题意写出解决问题的方程组。下面分别来看它们的含义。

1. 假设函数

假设函数(hypothesis function)可表述为 $y=f(x)$,其中 x 表示输入数据,而 y 表示输出的预测结果,而这个结果需要不断的优化才会达到预期的结果,否则会与实际值偏差较大。

2. 损失函数

损失函数(loss function),又叫目标函数,简写为 $L(x)$,这里的 x 是假设函数得出的预测结果“y”,如果 $L(x)$ 的返回值越大就表示预测结果与实际偏差越大,$L(x)$ 的返回值越小则证明预测值越来越“逼近”真实值,这才是机器学习的最终目的。因此,损失函数就像一个度量尺,让人们知道“假设函数”预测结果的优劣,从而做出相应的优化策略。

3. 优化方法

“优化方法”可以理解为假设函数和损失函数之间的沟通桥梁。通过 $L(x)$ 可以得知假设函数输出的预测结果与实际值的偏差值,当该值较大时就需要对其做出相应的调整,这个调整的过程叫作“参数优化”,而如何实现优化呢?这也是机器学习过程中的难点。其实为了解决这一问题,数学家们早就给出了相应的解决方案,比如梯度下降、牛顿法与拟牛顿法、共轭梯度法等。因此,我们要做的就是理解并掌握“科学巨人”留下的理论、方法。

对于优化方法的选择,要根据具体的应用场景来选择应用哪一种最合适,因为每一种方法都有自己的优劣势,所以只有合适的才是最好的。

上述函数的关系如图 5-4 所示。

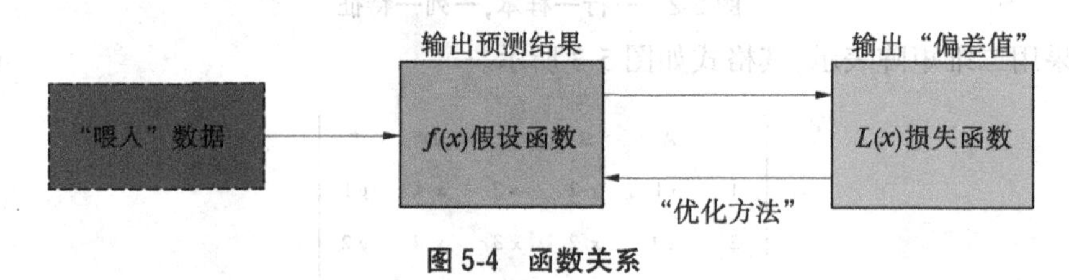

图 5-4 函数关系

5.1.1.9 拟合、过拟合与欠拟合

拟合(fitting)是机器学习中的重要概念,也可以说,机器学习的研究对象就是让模型能更好地拟合数据,那到底如何理解“拟合”这个词呢?

1. 拟合

“拟合”就是把平面坐标系中一系列散落的点,用一条光滑的曲线连接起来,因此拟合也被称为“曲线拟合”。拟合的曲线一般用函数进行表示,但是由于拟合曲线会存在许多种连接方式,因此就会出现多种拟合函数。通过研究、比较确定一条最佳的“曲线”也是机器学习中一个重要的任务。如图 5-5 所示,展示一条拟合曲线(蓝色曲线)。

2. 过拟合

过拟合(overfitting)是机器学习模型训练过程中经常遇到的问题,所谓过拟合,通俗来讲就是模型的泛化能力较差,也就是过拟合的模型在训练样本中表现优越,但是在验证数据以及测试数据集中表现不佳,示例如图 5-6 所示。

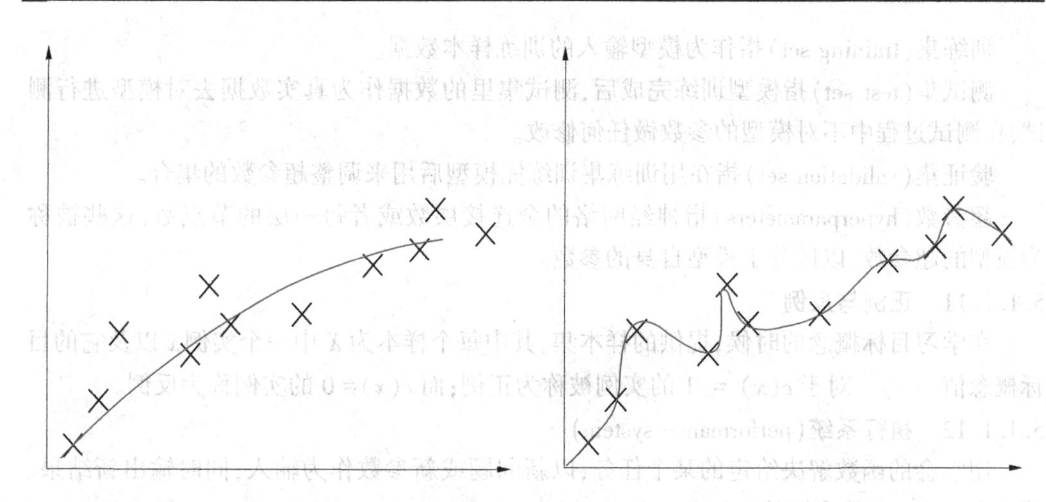

图 5-5　曲线拟合

图 5-6　过拟合

过拟合问题在机器学习中经常用到，主要是因为训练时样本过少，特征值过多导致的，后文还会详细介绍。

3. 欠拟合

欠拟合(underfitting)恰好与过拟合相反，它指的是"曲线"不能很好地"拟合"数据。在训练和测试阶段，欠拟合模型表现均较差，无法输出理想的预测结果，如图 5-7 所示。

造成欠拟合的主要原因是由于没有选择好合适的特征值，比如使用一次函数($y=kx+b$)去拟合具有对数特征的散落点($y=\log_2 x$)，示例图如图 5-8 所示。

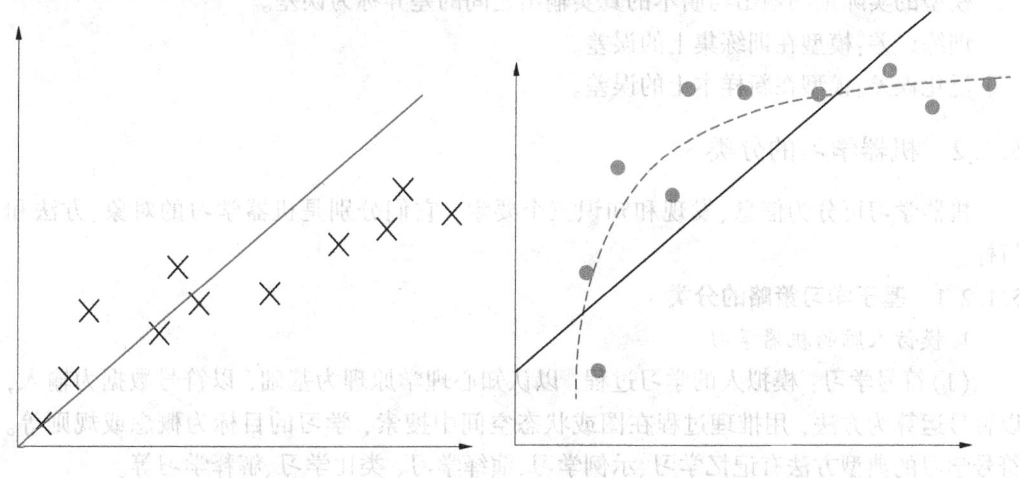

图 5-7　欠拟合 1

图 5-8　欠拟合 2

欠拟合和过拟合是机器学习中会遇到的问题，这两种情况都要避免。

5.1.1.10　机器学习的样本集、训练集

样本集(sample set)是指学习对象的样本的全体。

训练集(training set)指作为模型输入的训练样本数据。

测试集(test set)指模型训练完成后,测试集里的数据作为真实数据去对模型进行测试,在测试过程中不对模型的参数做任何修改。

验证集(validation set)指在用训练集训练完模型后用来调整超参数的集合。

超参数(hyperparameters)指神经网络的全连接层数或者每一层的节点数,这些被称为模型的超参数,以区分于模型自身的参数。

5.1.1.11 正例与反例

在学习目标概念的时候,提供的样本集,其中每个样本为 X 中一个实例 x 以及它的目标概念值 $c(x)$。对于 $c(x) = 1$ 的实例被称为正例;而 $c(x)=0$ 的实例称为反例。

5.1.1.12 执行系统(performance system)

用学会的函数解决给定的某个任务,以新问题或新参数作为输入,同时输出新结果。策略由 $V^{\wedge}(b)$ 函数来评估。

5.1.1.13 鉴定器(critic)

以对弈的路线或历史记录作为输入,输出目标函数的一系列训练样例 V(train)。

5.1.1.14 泛化器(generlizer)

以训练样例作为输入,产生一个输出假设,作为它对目标函数的估计。它从特定的训练样例中泛化出一个一般函数。

5.1.1.15 实验生成器(experiment generator)

以当前假设(以前学到的)作为输入,输出一个新的问题供执行系统去探索,从而获得新的知识。

5.1.1.16 误差

模型的实际预测输出与赝本的真实输出之间的差异称为误差。

训练误差:模型在训练集上的误差。

泛化误差:模型在新样本上的误差。

5.1.2 机器学习的分类

机器学习可分为信息、发现和知识三个要素, 它们分别是机器学习的对象、方法和目标。

5.1.2.1 基于学习策略的分类

1. 模仿人脑的机器学习

(1)符号学习: 模拟人的学习过程, 以认知心理学原理为基础, 以符号数据为输入, 以符号运算为方法, 用推理过程在图或状态空间中搜索, 学习的目标为概念或规则等。符号学习的典型方法有记忆学习、示例学习、演绎学习、类比学习、解释学习等。

(2)神经网络学习(或连接学习):模拟人脑的微观生理级学习过程, 以脑和神经科学原理为基础,以人工神经网络为函数结构模型, 以数值数据为输入, 以数值运算为方法,用迭代过程在系数向量空间中搜索,学习的目标为函数。典型的连接学习有权值修正学习、拓扑结构学习等。

2. 直接采用数学方法的机器学习

这种机器学习方法主要为统计机器学习。而统计机器学习又有广义和狭义之分。

广义统计机器学习指以样本数据为依据,以概率统计理论为基础,以数值运算为方法的一类机器学习。在这个意义下,神经网络学习也可划归为统计学习范畴。统计学习又可分为以概率表达式函数为目标和以代数表达式函数为目标两大类。前者的典型有贝叶斯学习、贝叶斯网络学习等,后者的典型有几何分类学习和支持向量机(SVM)。

5.1.2.2　基于学习方法的分类

1. 归纳学习

(1)符号归纳学习:典型的符号归纳学习有示例学习、决策树学习等。

(2)函数归纳学习(发现学习):典型的函数归纳学习有神经网络学习、示例学习、发现学习、统计学习等。

2. 演绎学习

1)定义

所谓演绎推理,就是从一般性的前提出发,通过推导即"演绎",得出具体陈述或个别结论的过程。关于演绎推理,还存在以下几种定义:

(1)演绎推理是从一般到特殊的推理。

(2)它是前提蕴涵结论的推理。

(3)它是前提和结论之间具有必然联系的推理。

(4)演绎推理就是前提与结论之间具有充分条件或充分必要条件联系的必然性推理。

演绎推理的逻辑形式对于理性的重要意义在于,它对人的思维保持严密性、一贯性,有着不可替代的校正作用。这是因为演绎推理保证推理有效的根据并不在于它的内容,而在于它的形式。演绎推理的最典型、最重要的应用,通常存在于逻辑和数学证明中。

2)方式

(1)三段论。

三段论是由两个含有一个共同项的性质判断作为前提,得出一个新的性质判断为结论的演绎推理。三段论是演绎推理的一般模式,包含3个部分:①大前提——已知的一般原理;②小前提——所研究的特殊情况;③结论——根据一般原理,对特殊情况做出判断。

(2)假言推理。

假言推理是以假言判断为前提的推理。假言推理分为充分条件假言推理和必要条件假言推理两种。

①充分条件假言推理的基本原则是:小前提肯定大前提的前件,结论就肯定大前提的后件;小前提否定大前提的后件,结论就否定大前提的前件。

②必要条件假言推理的基本原则是:小前提肯定大前提的后件,结论就要肯定大前提的前件;小前提否定大前提的前件,结论就要否定大前提的后件。

(3)选言推理。

选言推理是以选言判断为前提的推理。选言推理分为相容的选言推理和不相容的选言推理两种。

①相容的选言推理的基本原则是:大前提是一个相容的选言判断,小前提否定了其中一个(或一部分)选言支,结论就要肯定剩下的一个选言支。

②不相容的选言推理的基本原则是:大前提是个不相容的选言判断,小前提肯定其中的一个选言支,结论则否定其他选言支;小前提否定除其中一个外的选言支,结论则肯定剩下的那个选言支。

(4)关系推理。

关系推理是前提中至少有一个是关系命题的推理。

①对称性关系推理,如 1 m=100 cm,所以 100 cm=1 m;

②反对称性关系推理,a>b,所以 b<a;

③传递性关系推理,a>b,b>c,所以 a>c。

3. 类比学习

类比学习是指由新情况与已知情况在某些方面类似,从而推出它们在其他方面也相似。类比学习是在两个相似域之间进行的。

5.1.2.3　基于学习方式的分类

(1)监督学习(supervised learning):利用一组已知类别的样本调整分类器的参数,使其达到所要求性能的过程,也称为监督训练或有教师学习。用来进行学习的材料就是与被识别对象属于同类的有限数量样本。监督学习中在给予计算机学习样本的同时,还告诉计算各个样本所属的类别。若所给的学习样本不带有类别信息,就是非监督学习。任何一种学习都有一定的目的,对于模式识别来说,就是要通过有限数量样本的学习,使分类器在对无限多个模式进行分类时所产生的错误概率最小。

(2)非监督学习(unsupervised learning):设计分类器的时候,用于处理未被分类标记的样本集。输入数据中无导师信号,采用聚类方法,学习结果为类别。典型的无导师学习有发现学习、聚类学习、竞争学习等。

(3)强化学习(增强学习):以环境反馈(奖/惩信号)作为输入,以统计和动态规划技术为指导的一种学习方法。

5.1.2.4　基于数据形式的分类

(1)结构化学习:以结构化数据为输入,以数值计算或符号推演为方法。典型的结构化学习有神经网络学习、统计学习、决策树学习和规则学习。

(2)非结构化学习:以非结构化数据为输入,典型的非结构化学习有类比学习、案例学习、解释学习、文本挖掘、图像挖掘、Web 挖掘等。

5.1.2.5　基于学习目标的分类

(1)概念学习,即学习的目标和结果为概念,或者说是为了获得概念的一种学习。典型的概念学习有示例学习。

(2)规则学习,即学习的目标和结果为规则,或者说是为了获得规则的一种学习。典型的规则学习有决策树学习。

(3)函数学习,即学习的目标和结果为函数,或者说是为了获得函数的一种学习。典型的函数学习有神经网络学习。

(4)类别学习,即学习的目标和结果为对象类,或者说是为了获得类别的一种学习。

典型的类别学习有聚类分析。

(5)贝叶斯网络学习,即学习的目标和结果是贝叶斯网络,或者说是为了获得贝叶斯网络的一种学习。其又可分为结构学习和参数学习。

当然,以上仅是机器学习的一些分类而并非全面分类。事实上,除以上分类外,还有许多其他分法。例如,有些机器学习还需要背景知识作指导,这就又有了基于知识的机器学习类型。如解释学习就是一种基于知识的机器学习。

5.1.3 机器学习的原理

从以上对于学习的解释可以看出:

(1)学习与经验有关。

(2)学习可以改善系统性能。

(3)学习是一个有反馈的信息处理与控制过程。因为经验是在系统与环境的交互过程中产生的,而经验中应该包含系统输入、响应和效果等信息。因此,经验的积累、性能的完善正是通过重复这一过程而实现的。

机器学习原理如图5-9所示。

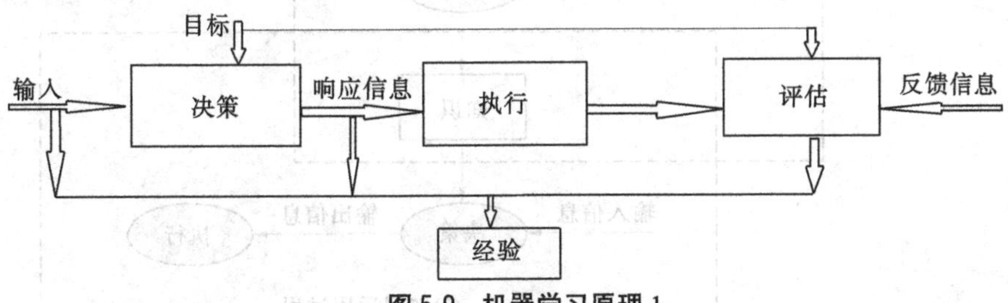

图5-9 机器学习原理1

输入是指系统在完成某任务时,接收到的环境信息;响应是指对输入信息做出的回应;执行是指根据响应信息实施相应的动作或行为。

机器学习的流程如下:

(1)对于输入信息,系统根据目标和经验做出决策予以响应,即执行相应动作。

(2)对目标的实现或任务的完成情况进行评估。

(3)将本次的输入、响应和评价作为经验予以存储记录。可以看出,第一次决策时系统中还无任何经验,但从第二次决策开始,经验便开始积累。

这样,随着经验的丰富,系统的性能自然就会不断改善和提高。

学习方式现在一般称为记忆学习。记忆学习实际上也是人类和动物的一种基本学习方式。然而,这种依靠经验来提高性能的记忆学习存在严重不足。其一,由于经验积累是一个缓慢过程,所以系统性能的改善也很缓慢;其二,由于经验毕竟不是规律,故仅凭经验对系统性能的改善是有限的,有时甚至是靠不住的。

所以,学习方式需要延伸和发展。可想而知,如果能在积累的经验中进一步发现规律,然后利用所发现的规律即知识来指导系统行为,那么系统的性能将会得到更大的改善和提高。

由图 5-10 可以看出,这才是一个完整的学习过程。它可分为 3 个子过程,即经验积累过程、知识生成过程和知识运用过程。事实上,这种学习方式就是人类和动物的技能训练或者更一般的适应性训练过程,如骑车、驾驶、体操、游泳等都是以这种方式学习的。所以,图 5-10 所示这种学习方式也适合于机器的技能训练,如机器人的驾车训练。

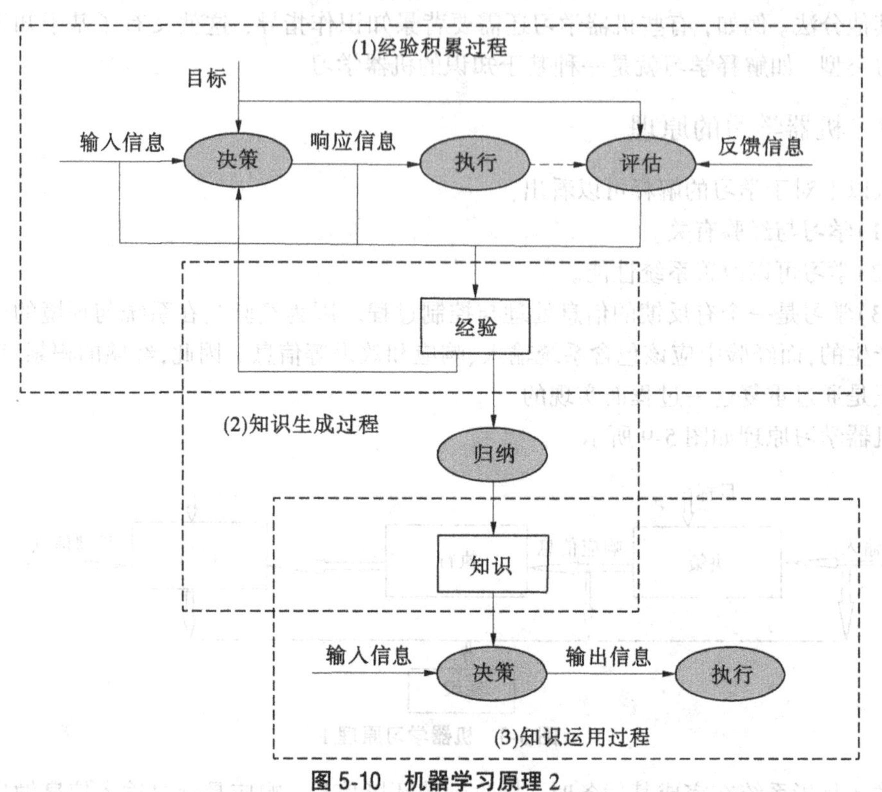

图 5-10 机器学习原理 2

现在的机器学习研究一般都省去了上面的经验积累过程,而是一开始就把事先组织好的经验数据(包括实验数据和统计数据)直接作为学习系统的输入,然后对其归纳推导而得出知识,再用所得知识去指导行为、改善性能,其过程如图 5-11 所示。在这里把组织好的经验数据称为训练样本或样例,把由样例到知识的转换过程称为学习或训练。

由图 5-10~图 5-12 可以发现,从经验数据中发现知识才是机器学习的关键环节。所以,在机器学习中,人们就进一步把图 5-11 所示的机器学习过程简化为只有知识生成一个过程(见图 5-12),即只要从经验数据归纳推导出知识就算是完成了学习。

可以看出,图 5-12 所示的这类机器学习已经与机器学习的本来含义不一致,实际上似乎已变成纯粹的知识发现了。

如果把训练样例再进一步扩充为更一般的数据信息,把归纳推导过程扩充为更一般的规律发现过程,会得到如图 5-12 所示的更一般的机器学习原理图。实际上,当前的机器学习领域主要研究的正是这类机器学习。也就是说,虽然从概念上讲,学习是系统基于经验的自我完善过程,但实际上现在的机器学习领域的主要内容已经转变为机器知识的发现了。

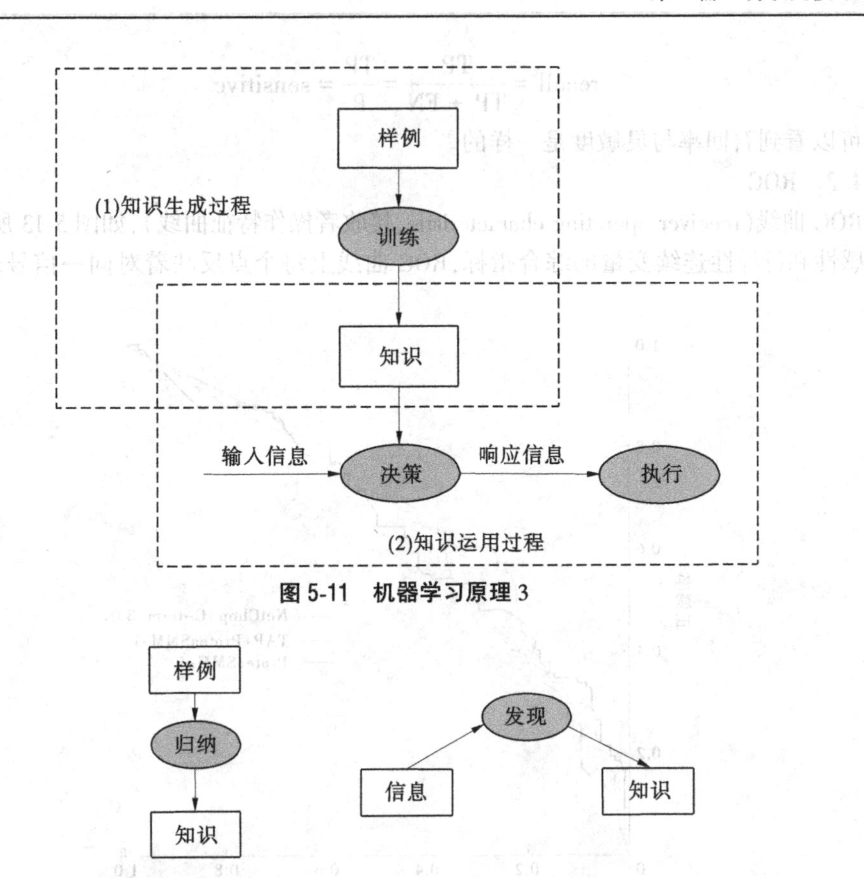

图 5-11 机器学习原理 3

(a)机器学习原理4 (b)机器学习原理5

图 5-12 机器学习原理 4、5

5.1.4 机器学习算法评价指标

针对不同应用场景机器学习算法有不同的评价指标。

5.1.4.1 精确率与召回率

1. 精确率(accuracy)

精确率表示被分为正例的示例中实际为正例的比例。计算公式为

$$ACC = \frac{TP + TN}{TP + TN + FP + FN} \tag{5-1}$$

式中: TP 为真正例, True Positive; FP 为假正例, False Positive; FN 为假反例, False Negative; TN 为真反例, True Negative。

注:精确率是最常见的评价指标,就是被分对的样本数除以所有的样本数,通常来说,正确率越高,分类器越好。精确率确实是一个很好、很直观的评价指标,但是有时候精确率高并不能代表一个算法就好。在正负样本不平衡的情况下,精确率这个评价指标有很大的缺陷。因此,单纯靠精确率来评价一个算法模型是远远不够科学全面的。

2. 召回率(recall)

召回率是覆盖面的度量,度量有多个正例被分为正例,计算公式为

$$recall = \frac{TP}{TP + FN} = \frac{TP}{P} = sensitive \tag{5-2}$$

可以看到召回率与灵敏度是一样的。

5.1.4.2 ROC

ROC 曲线(receiver operating characteristic,接收者操作特征曲线),如图 5-13 所示,是反映敏感性和特异性连续变量的综合指标,ROC 曲线上每个点反映着对同一信号刺激的感受性。

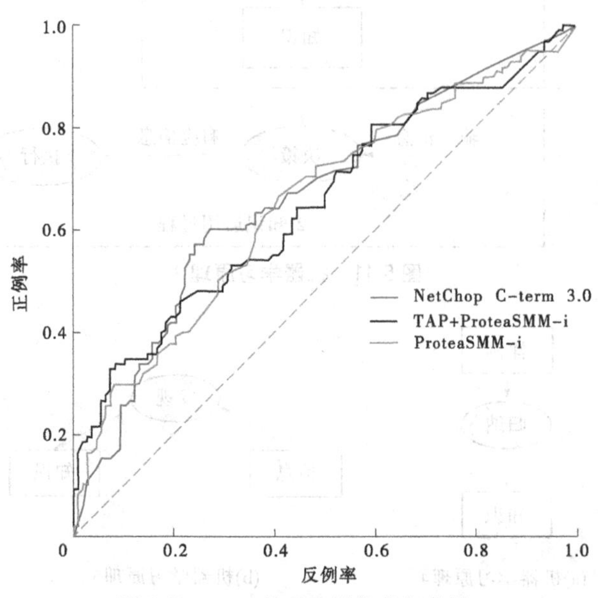

图 5-13 ROC 接收者操作特征曲线

5.1.4.3 **对数损失**

$$L[P(y|x),y] = -\lg P(y|x) \tag{5-3}$$

对应模型:logistic 回归,softmax 回归。

对于非平衡的二分类问题,也可以适当加上类的权重 $w(y)$,$w(y)$ 使其称为带权的对数损失函数:

$$L[P(y|x),y] = -w(y)\lg P(y|x) \tag{5-4}$$

损失函数(loss function)是用来估量模型的预测值 $f(x)$ 与真实值 Y 的不一致程度,它是一个非负实值函数,通常使用 $L[Y, f(x)]$ 来表示,损失函数越小,模型的鲁棒性就越好。损失函数是经验风险函数的核心部分,也是结构风险函数的重要组成部分。

损失函数旨在表示出 logit 和 label 的差异程度,不同的损失函数有不同的表示意义,也就是在最小化损失函数过程中,logit 逼近 label 的方式不同,得到的结果可能也不同。

一般情况下,softmax 和 sigmoid 使用交叉熵损失(logloss),hingeloss 是 SVM 推导出的,hingeloss 的输入使用原始 logit 即可。

5.1.4.4 **铰链损失**

铰链损失是一种用于训练分类器的损失函数,它用于最大间隔分类器,最显著的用于支持向量机。

对于预设的 $t=\pm1$ 和分类值 y(标签值),预测 y 的铰链损失被定义为 $L(y)=\max(0,1-ty)$。

y 是分类决策函数的原始输出,不是预测的类标签。例如,对于线性 SVMs,$y=wx+b$,(w,b)是超平面参数,x 是要分类的点。

可以这样看,当 t 和 y 同符号(意味着 y 预测正确的类别)和$|y|\geqslant1$,合页损失 $L(y)=0$;但是当它们符合相反时,$L(y)$随 y 线性增加(单边误差),类似的,如果$|y|<1$, 即使同符号(正确预测,但没有足够的阈值),$L(y)$也随 y 线性增加。

结合损失函数的定义理解铰链损失函数,损失函数目的是让预测正确的输出尽可能小,最小为 0,预测错误的输出大于 0。

5.1.4.5 混淆矩阵

混淆矩阵就是为了进一步分析性能而对该算法测试结果做出的总结。混淆矩阵是一个误差矩阵,通过混淆矩阵来评定监督学习算法的性能。在监督学习中混淆矩阵为方阵,方阵的大小通常为一个(真实值,预测值)或者(预测值,真实值),所以通过混淆矩阵可以更清晰地看出,预测集与真实集中混合的一部分。

混淆矩阵如图 5-14 所示,可以清晰地反映出真实值与预测值相互吻合的部分,也可以反映出与预测值不吻合的部分。

混淆矩阵		真实值	
		正例	反例
预测值	正例	TP	FP (Type Ⅱ)
	反例	FN (Type Ⅰ)	TN

图 5-14 混淆矩阵

实现预测值与真实值在相同特征下的比较,如果同时成立则放入相对应的矩阵位置,如果不成立则放入不相匹配的矩阵位置,将真实值与预测值相互匹配与不匹配项放入矩阵中,称这个矩阵为混淆矩阵。

混淆矩阵能否处理多分类问题?由上文可以得知混淆矩阵可以为一些二分类有监督学习算法进行性能评估,那么思考,混淆矩阵能否为多分类实现可视化评估呢?答案是肯定的。

当然通过多分类,再次得到如表 5-1 的矩阵进行对比,将上面的矩阵再次可以转换为一个二分类混淆矩阵进行性能分析,如图 5-15 所示。

表 5-1

混淆矩阵		真实值		
		猫	狗	猪
预测值	猫	10	1	2
	狗	3	15	4
	猪	5	6	20

混淆矩阵		真实值	
		猫	不是猫
预测值	猫	10	3
	不是猫	8	45

图 5-15 二分类混淆矩阵

从中可以得出分析指标：

(1)准确率。分类正确的所有结果占总预测与真实总和的比例。

(2)精确率。模型预测到结论的特征与预测总数的比例。

(3)召回率。真实值中预测正确的特征占预测总数的比例。

(4)特异度。异常值占预测对的总数。

通过(1)~(4)四个分析指标可以将矩阵中值转化为0~1之间的值,从而方便地进行标准化衡量。

(5)F1 指标:符合预测的特征$=p$,召回率$=b$,则 F1 为$\frac{2pb}{p+b}$,F1 指标范围在 0~1 之间,F1 指标越大模型越优秀,F1 指标越小模型越差。

5.1.4.6 kappa 系数

kappa 系数是一种比例,代表着分类与完全随机的分类产生错误减少的比例。

kappa 系数是用在统计学中评估一致性的一种方法,在机器学习中可以用它来进行多分类模型准确度的评估,这个系数的取值范围是[-1,1],实际应用中一般是[0,1],与 ROC 曲线中一般不会出现下凸形曲线的原理类似。这个系数的值越高,则代表模型实现的分类准确度越高。kappa 系数的计算方法可以这样来表示:

$$k = (p_0 - p_e)/(1 - p_e)$$

式中:p_0 表示为总的分类准确度;p_e 可表示为

$$p_e = \frac{a_1b_1 + a_2b_2 + \cdots + a_Cb_C}{n^2} \tag{5-5}$$

式中:a_i 代表第 i 类真实样本个数;b_i 代表第 i 类预测出来的样本个数;C 为类别总数;n 为总样本个数。

5.1.4.7 海明距离

1. 概念

海明距离一般是针对字符串,两个字符串 s_1 与 s_2 的文明距离为:将其中一个变为另外一个所需要作的最小字符替换次数。

2. 海明重量

海明重量是字符串相对于同样长度的零字符串的海明距离,也就是说,它是字符串中非零的元素个数;对于二进制字符串来说,就是 1 的个数,所以 11101 的海明重量是 4。

因此，向量空间中的元素 a 和 b 之间的海明距离等于它们海明重量的差 $a-b$。

3. 应用

海明重量分析在包括信息论、编码理论、密码学等领域都有应用。比如在信息编码过程中，为了增强容错性，应使得编码间的最小海明距离尽可能大。但是，如果要比较两个不同长度的字符串，不仅要进行替换，而且要进行插入与删除的运算，在这种场合下，通常使用更加复杂的编辑距离等算法。

5.1.4.8 杰卡德相似系数

1. 概念

两个集合 A 和 B 的交集元素在 A、B 的并集中所占的比例，称为两个集合的杰卡德相似系数，用符号 $J(A,B)$ 表示。

$$J(A,B)=\frac{|A\cap B|}{|A\cup B|} \tag{5-6}$$

杰卡德相似系数是衡量两个集合的相似度的一种指标。

2. 杰卡德距离

与杰卡德相似系数相反的概念是杰卡德距离（jaccard distance）。杰卡德距离可用下式表示：

$$J_{\delta}(A,B)=1-J(A,B)=\frac{|A\cup B|-|A\cap B|}{|A\cup B|} \tag{5-7}$$

杰卡德距离用两个集合中不同元素占所有元素的比例来衡量两个集合的区分度。

3. 杰卡德相似系数与杰卡德距离的应用

可将杰卡德相似系数用在衡量样本的相似度上。

样本 A 与样本 B 是两个 n 维向量，而且所有维度的取值都是 0 或 1。例如：A(0111)和 B(1011)。将样本看成是一个集合，1 表示集合包含该元素，0 表示集合不包含该元素。

p：样本 A 与 B 都是 1 的维度的个数。

q：样本 A 是 1，样本 B 是 0 的维度的个数。

r：样本 A 是 0，样本 B 是 1 的维度的个数。

s：样本 A 与 B 都是 0 的维度的个数。

那么样本 A 与 B 的杰卡德相似系数可以表示为：

$$J(A,B)=\frac{|A\cap B|}{|A\cup B|}$$

而样本 A 与 B 的杰卡德距离表示为：

$$J=\frac{p}{p+q+r} \tag{5-8}$$

这里 $p+q+r$ 可理解为 A 与 B 的并集的元素个数，而 p 是 A 与 B 的交集的元素个数。

5.1.4.9 多标签排序

1. 单标签二分类

单标签二分类问题是最常见的算法，主要指：label 的取值只有两种，即每个实例可能的类别只有两种（A 或 B）；此时的分类算法其实是在构建一个分类的边界将数据划分为两个类别。常见的二分类算法有:Logistic、SVM、KNN 等。单标签二分类如图 5-16 所示。

$$y = f(x), y \in \{-1, +1\} \tag{5-9}$$

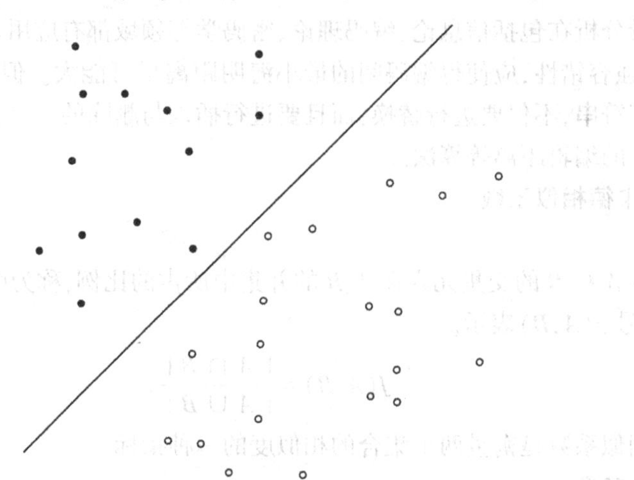

图 5-16　单标签二分类

2. 单标签多分类

单标签多分类问题,主要指:待预测的 label 标签只有一个,但是 label 标签的取值可能有多种情况,即每个实例的可能类别有 k 种($t_1, t_2, \cdots, t_k, k \geqslant 3$);常见的单标签多分类算法有 Softmax、KNN 等。单标签多分类如图 5-17 所示。

$$y = f(x), y \in \{t_1, t_2, \cdots, t_k\} \tag{5-10}$$

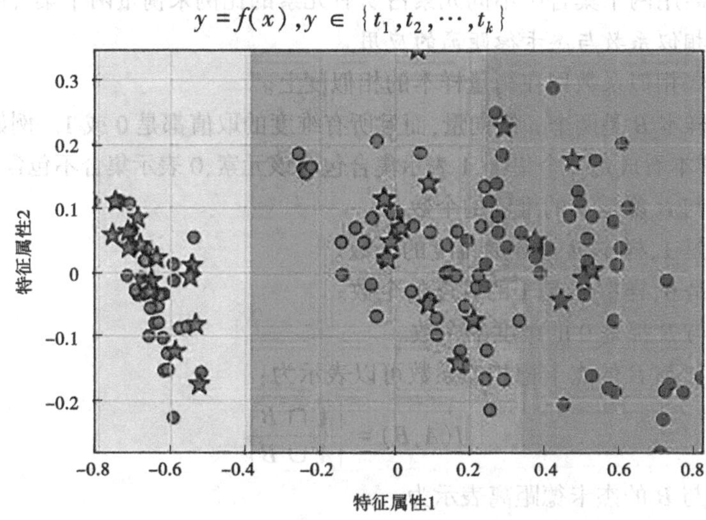

图 5-17　单标签多分类(鸢尾花数据的决策树分类)

实际上,如一个多分类的问题,可将带求解的多分类的问题转化为二分类问题的延伸;即将多分类任务拆分为若干个二分类任务的求解,具体策略如下:

(1)OVO(One-Versus-One):一对一。

(2)OVA/OVR(One-Versus-All/One-Versus-the-Rest):一对多。

(3)Error Correcting Output Codes(纠错码机制):多对多。

3. OVO

原理:将 k 个类别中的两两类别数据进行组合,然后使用组合后的数据训练出模型,从而产生 $k(k-1)^2$ 个分类器模型,将这些分类器的结果进行融合,并将分类器的预测结果用多数投票的方式输出最终的预测结果值。如:①若此时有 3 个类别 A、B、C 的数据;②通过两两组合后,产生 AB、AC、BC 的数据;③采用上述组合后的数据训练出 3 个模型;④对带预测的样本用生成的 3 个模型采用多数投票的方式进行预测结果。

在生成的模型中还可增加相应的权重。OVO 分类如图 5-18 所示。

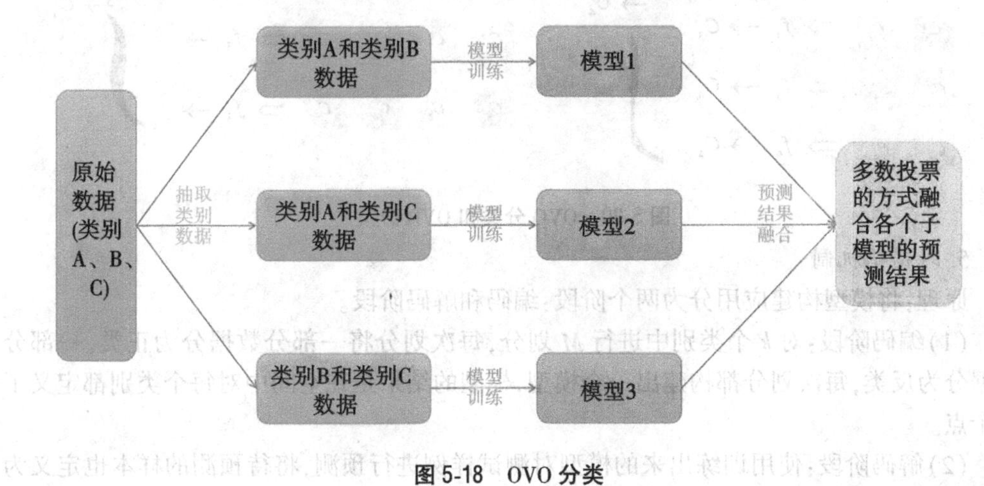

图 5-18　OVO 分类

4. OVR

原理:在一对多模型训练中,将一个类别作为正例,而其余的样例作为反例来训练 k 个模型。在进行预测时,若 k 个模型中,有一个模型输出为正例,那么最终的预测结果就是属于该分类器的这个类别;若产生了多个正例,则可选择分类器的置信度作为指标,选择置信度最大的分类器作为最终的预测结果。常见的置信度有:精确度、召回率。OVR 分类如图 5-19 所示。

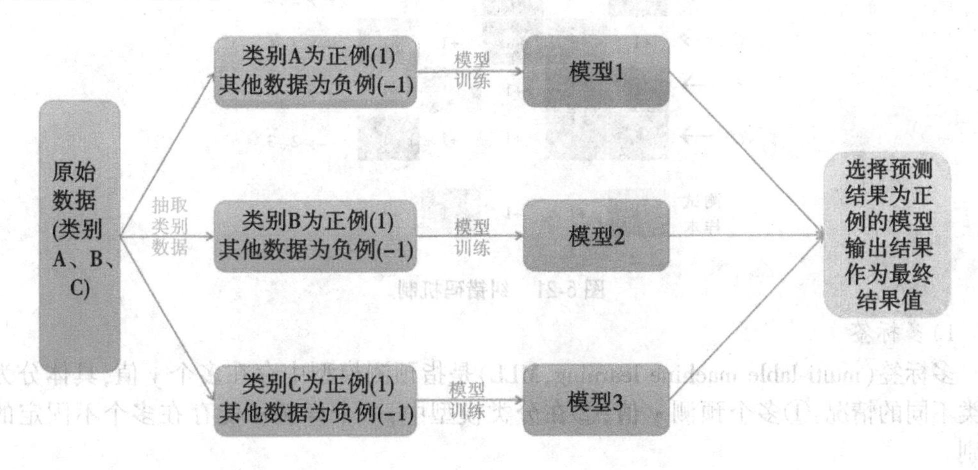

图 5-19　OVR 分类

OVO 和 OVR 的区别如图 5-20 所示。

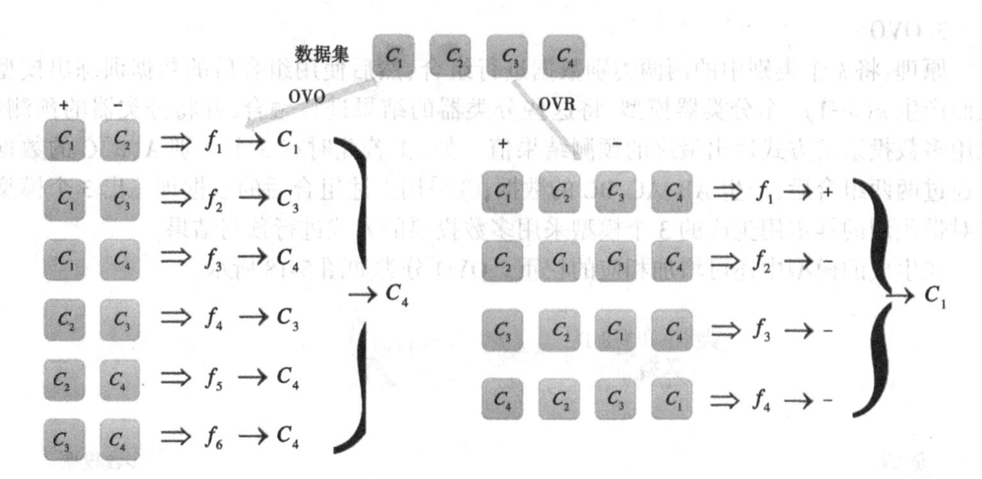

图 5-20　OVO 分类和 OVR 分类

5. 纠错码机制

原理:将模型构建应用分为两个阶段:编码和解码阶段。

(1)编码阶段:对 k 个类别中进行 M 划分,每次划分将一部分数据分为正类,一部分数据分为反类,每次划分都构建出一个模型,模型的结果是在空间中对每个类别都定义了一个点。

(2)解码阶段:使用训练出来的模型对测试样例进行预测,将待预测的样本也定义为空间中的一个点。计算该待测点与类别之间的点的距离,选择距离最近的类别作为最终的预测类别。

纠错码机制如图 5-21 所示。

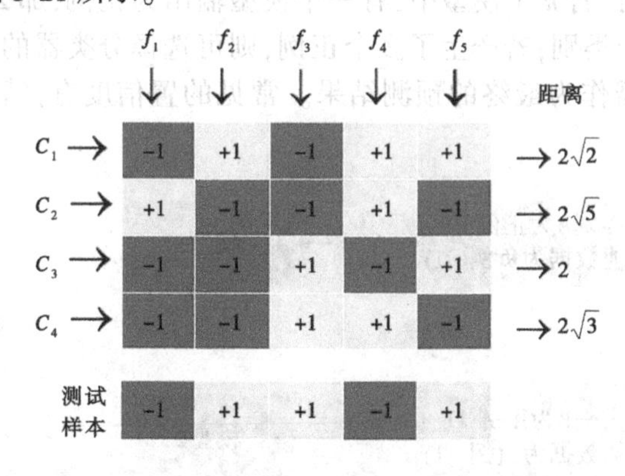

图 5-21　纠错码机制

1)多标签

多标签(multi-lable machine learning,MLL)是指预测模型中存在多个 y 值,具体分为两类不同的情况:①多个预测 y 值;②在分类模型中,一个样例可能存在多个不固定的类别。

根据多标签问题的复杂性,可以将问题分为两大类:①待预测值之间存在相互的依赖关系;②待预测值之间不存在依赖关系。

2)策略转换

策略转换(问题转换)(problem transformation methods,PTM)是一种将多标签分类问题转换为单标签模型构造的问题,然后将模型合并的一种方式,可分为:①二元相关性(binary relevance)(first-order),标签之间无关联;②分级链(classifier chains)(high-order),标签之间有依赖关系;③校准标签排名(calibrated label ranking)(second-order),两两标签之间有关系。

(1)二元相关性。

二元相关性(binary relevance)的核心思想是将多标签分类问题进行分解,将其转化为 q 个二元分类问题,其中每个二元分类器对应一个待预测的标签。

①优点:实现方式简单,容易理解;当 y 值之间不存在相互的依赖关系时,模型的效果不错。

②缺点:如果 y 之间存在相互的依赖关系,那么最终构建的模型的泛华能力比较弱;需要构建 q 个二分类器,q 为待预测的 y 值数量,当 q 较大时,需要构建的模型就相应的较多。

(2)分级链。

分级链(classifier chains)的核心思想是将多标签分类问题进行分解,将其转换成一个二元分类器链的形式,其中链后的二元分类器的构建是在前面分类器预测结果的基础上进行的;在模型构建的时候,首先将标签顺序进行打乱排序操作,然后按照从头到尾构建每个标签对应的模型。

①优点:考虑标签之间的依赖关系,最终模型的泛华能力相对于 binary relevance 方式构建的模型效果要好。

②缺点:很难找到一个比较合适的标签之间的依赖关系。

(3)校准标签排名。

校准标签排名(calibrated label ranking)的核心思想是将多标签分类问题进行分解,将其转换为标签的排序问题,最终的标签就是排序后最大的几个标签值。

①优点:考虑了标签两两组合的情况,最终的模型相对来讲泛化能力比较好。

②缺点:只考虑了两两标签的组合情况,没有考虑到标签与标签之间所有的依赖关系。

5.1.4.10 涵盖误差

涵盖误差(coverage error)计算的是预测结果中平均包含多少真实标签,适用于二分类问题。

5.1.4.11 标签排序平均精度

标签排序平均精度(label ranking average precision)简称 LRAP,它比涵盖误差更精细。

5.1.4.12 排序误差

排序误差(ranking loss)进一步精细考虑排序情况。

5.1.4.13 错误率

错误率(error rate)则与准确率相反,描述被分类器错分的比例。

$$\text{error rate}=\frac{FP+FN}{TP+TN+FP+FN} \tag{5-11}$$

对某一个实例来说，分对与分错是互斥事件，所以

$$\text{accuracy} = 1 - \text{error rate} \tag{5-12}$$

5.1.4.14 灵敏度

灵敏度(sensitive)表示的是所有正例中被分对的比例，衡量了分类器对正例的识别能力。

$$\text{sensitive} = \frac{\text{TP}}{\text{P}} \tag{5-13}$$

5.1.4.15 特效度

特效度(specificity)表示的是所有负例中被分对的比例，衡量了分类器对负例的识别能力。

$$\text{specificity} = \frac{\text{TN}}{\text{N}} \tag{5-14}$$

5.1.5 机器学习系统涉及的步骤

5.1.5.1 选择训练经验

训练经验的选择是机器学习系统涉及的第一步，是机器学习系统成功、好坏最重要的一步，至关重要。就是选择训练经验的类型，它直接决定机器学习系统选择的技术路线。

训练经验选择有以下 3 个重要因素：

(1)关键属性是训练经验能否为机器学习系统的决策提供直接或间接的反馈。

(2)第二个重要因素是机器学习系统在多大程度上控制训练样例序列。

(3)第三个重要因素 ROC 曲线是以假正率(FP_rate)和假负率(TP_rate)为轴的曲线，ROC 曲线下面的面积叫作 AUC，如图 5-22 所示。

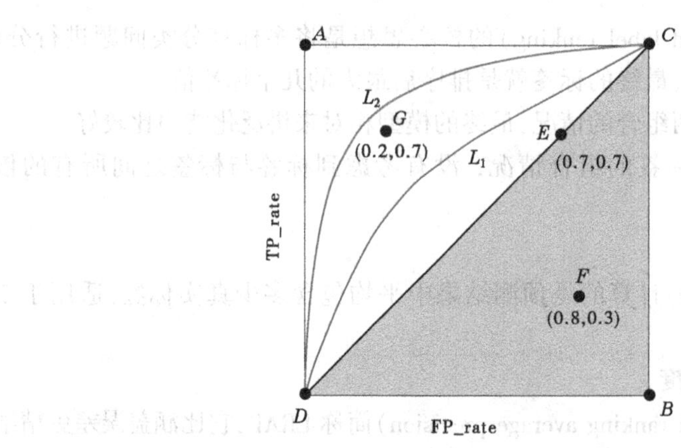

图 5-22 ROC 曲线

其中：

$$\text{TP\_rate} = \frac{\text{TP}}{P_c}, \quad \text{FP\_rate} = \frac{\text{FP}}{N_c} \tag{5-15}$$

式中：P_c 为正例样本数；N_c 为负例样本数。

(1)曲线与FP_rate轴围成的面积(记作AUC)越大,说明性能越好,即图5-22上L_2曲线对应的性能优于曲线L_1对应的性能。即曲线越靠近A点(左上方)性能越好,曲线越靠近B点(右下方)曲线性能越差。

(2)A点是最完美的性能点,B点是性能最差点。

(3)位于CD线上的点,说明算法性能和random猜测是一样的,如C点、D点、E点;位于CD之上(曲线位于白色的三角形内),说明算法性能优于随机猜测,如G点;位于CD之下(曲线位于灰色的三角形内),说明算法性能差于随机猜测,如F点。

(4)虽然ROC曲线相比较于Precision和Recall等衡量指标更加合理,但是其在高不平衡数据条件下的表现仍然过于理想,不能够很好地展示实际情况。

5.1.5.2　选择目标函数及其表示

机器学习中的关键环节是构造目标函数,并选择易于处理的表示方式。它是对问题进行建模极其重要的一步。针对实际应用问题,在构造目标函数时可以借鉴前人的经验和技巧。

5.1.5.3　选择函数逼近算法

几乎所有的机器学习算法都归结为求解最优化问题。有监督学习算法在训练时通过优化一个目标函数而得到模型,然后用模型进行预测。无监督学习算法通常通过优化一个目标函数完成数据降维或聚类。强化学习算法在训练时通过最大化奖励值得到策略函数,然后用策略函数确定每种状态下要执行的动作。多任务学习、半监督学习的核心步骤之一也是构造目标函数。一旦目标函数确定,剩下的是求解最优化问题。

5.1.5.4　最终设计

(1)表示的方式有列表法、规则集合法等。

①列表法:对于每个唯一的棋盘状态,都有一个唯一对应的状态值[$V\hat{}=V\hat{}(b)$]。

②规则集合法:将某个棋盘状态的有限集合定义为一种规则,并且给这个规则定义一个状态值(可以采用二次多项式函数)。

(2)对于状态参数$x_1,x_2,x_3,\cdots,x_n$,定义$V\hat{}(b) = w_0+ w_1 \cdot x_1+ w_2 \cdot x_2+ w_3 \cdot x_3+\cdots+ w_n \cdot x_n$(其中$w_1,w_2,w_3,\cdots,w_n$称为权/权重)。

(3)选择函数逼近算法。

①估计训练值:通常使用后续棋局进行估计,称为迭代估计训练值。

②调整权值:为这个算法,确定最合适的权向量($w_0,w_1,\cdots,w_n$)。

为了做到这一点,定义最佳拟合(Best Fit)的概念误差平方和。

③确定最小化E的方法,如最小均方误差法(least mean squares,LMS)。

具体思路是:每一次训练,都将权向量往减小误差的方向做调整;使用当前的权向量,计算$V\hat{}(b)$;对权向量的每一个w_i,进行更新。

5.2　决策树学习

5.2.1　决策树的概念

决策树(decision tree)也称判定树,它是由对象的若干属性、属性值和有关决策组成的一棵树。其中的节点为属性(一般为语言变量),分枝为相应的属性值(一般为语言值)。从同一节点出发的各个分枝之间是逻辑"或"关系;根节点为对象的某一个属性;从根节点到每一个叶子节点的所有节点和边,按顺序串连成一条分枝路径。位于同一条分枝路径上的各个"属性-值"对之间是逻辑"与"关系,叶子节点为这个与关系的对应结果,即决策。如图5-23就是一棵决策树。其中,A、B、C代表属性,a_i、b_j、c_k代表属性值,d_l代表对应的决策。处于同一层的属性(如图5-23中的B、C)可能相同,也可能不相同,所有叶子节点(如图5-23中的$d_l, l=1,2,\cdots,6$)所表示的决策中也可能有相同者。

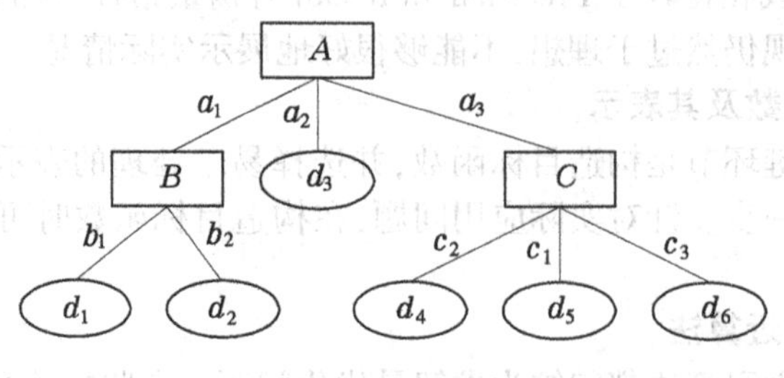

图5-23 决策树

由图5-23不难看出,一棵决策树上从根节点到每一个叶子节点的分枝路径上的诸"属性-值"对和对应叶子节点的决策,刚好就构成一个产生式规则:诸"属性-值"对的合取构成规则的前提,叶子节点的决策就是规则的结论。例如,图5-23中从根节点A到叶子节点d_2的这一条分枝路径就构成规则:

$$(A = a_1) \wedge (B = b_2) \geqslant d_2$$

而不同分枝路径所表示的规则之间为析取关系。

图5-24所示为机场指挥台关于飞机起飞的简单决策树。

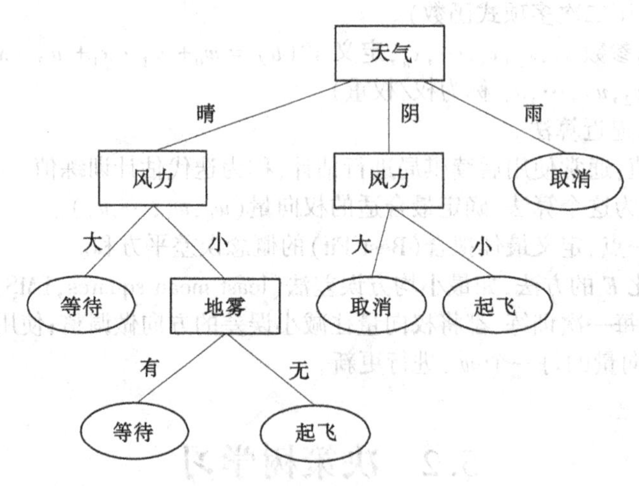

图5-24 飞机起飞的决策树

5.2.2 怎样学习决策树

决策树是一种知识表示形式,构造决策树可以由人来完成,但也可以由机器从一些实例中总结、归纳出来，即由机器学习而得。机器学习决策树也就是所说的决策树学习。

决策树学习是一种归纳学习。由于一棵决策树就表示了一组产生式规则，因此决策树学习也是一种规则学习。特别地，当规则是某概念的判定规则时，这种决策树学习也就是一种概念学习。

决策树学习首先要有一个实例集。实例集中的实例都含有若干“属性-值”对和一个相应的决策、结果或结论。一个实例集中的实例要求应该是相容的，即相同的前提不能有不同的结论(当然，不同的前提可以有相同的结论)。对实例集的另一个要求是，其中各实例的结论既不能完全相同也不能完全不同，否则该实例集无学习意义。

决策树学习的基本方法和步骤是：

首先，选取一个属性，按这个属性的不同取值对实例集进行分类；同时以该属性作为根节点，以这个属性的诸取值作为根节点的分枝，进行画树。

然后，考察所得的每一个子类，看其中的实例的结论是否完全相同。如果完全相同，则以这个相同的结论作为相应分枝路径末端的叶子节点；否则，选取一个非父节点的属性，按这个属性的不同取值对该子集进行分类，并以该属性作为节点，以这个属性的诸取值作为节点的分枝，继续进行画树。如此继续，直到所分的子集全都满足：实例结论完全相同，而得到所有的叶子节点为止。这样，一棵决策树就被生成。下面进一步举例说明。

【例 5-1】 表 5-2 为汽车驾驶保险类别划分实例集。

表 5-2 汽车驾驶保险类别划分实例集

序号	实例			
	性别	年龄段	婚姻状况	保险类别
1	女	<21	未	C
2	女	<21	已	C
3	男	<21	未	C
4	男	<21	已	B
5	女	≥21 且≤25	未	A
6	女	≥21 且≤25	已	A
7	男	≥21 且≤25	未	C
8	男	≥21 且≤25	已	B
9	女	>25	未	A
10	女	>25	已	A
11	男	>25	未	B
12	男	>25	已	B

由表 5-2 可以看出，该实例集中共有 12 个实例，实例中的性别、年龄段和婚姻状况为 3 个属性，保险类别就是相应的决策项。为表述方便起见，将这个实例集简记为

S={(1,C), (2,C), (3,C), (4,B), (5,A), (6,A), (7,C), (8,B), (9,A), (10,A), (11,B), (12,B)}

其中，每个元组表示一个实例，前面的数字为实例序号，后面的字母为实例的决策项保险类别(下同)。另外，为了简洁，在下面的决策树中用“小”“中”“大”分别代表“<21”“≥21 且≤25”“>25”这 3 个年龄段。

显然,S 中各实例的保险类别取值不完全一样,所以需要将 S 分类。对于 S,按属性“性别”的不同取值将其分类。由表 5-2 可见,这时 S 应被分类为两个子集:

$$S_1=\{(3,C),(4,B),(7,C),(8,B),(11,B),(12,B)\}$$

$$S_2=\{(1,C),(2,C),(5,A),(6,A),(9,A),(10,A)\}$$

于是,得到以性别作为根节点的部分决策树(见图 5-25)。

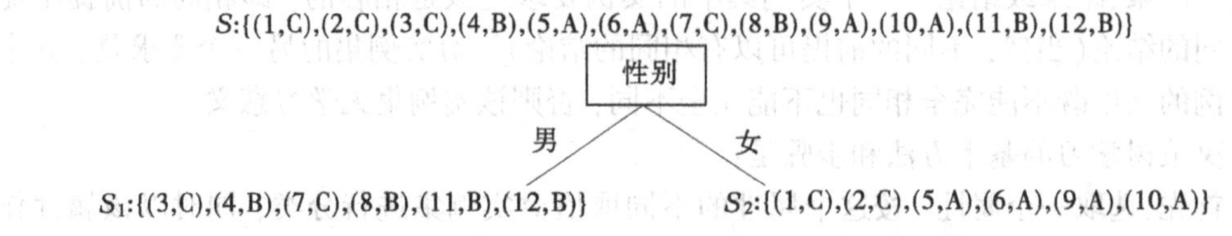

图 5-25 部分决策树 1

考察 S_1 和 S_2,可以看出,在这两个子集中,各实例的保险类别也不完全相同。这就是说,还需要对 S_1 和 S_2 进行分类。对于子集 S_1,按“年龄段”将其分类;同样,对于子集 S_2,也按“年龄段”对其进行分类(注意:对于子集 S_2,也可按属性“婚姻状况”分类)。分别得到子集 S_{11}、S_{12}、S_{13} 和 S_{21},S_{22},S_{23}。于是,进一步得到含有两层节点的部分决策树(见图 5-26)。

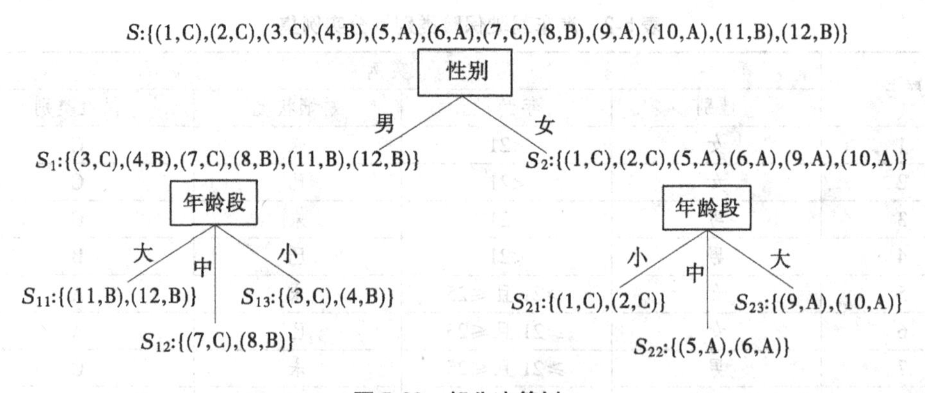

图 5-26 部分决策树 2

注意到,这时除 S_{12} 和 S_{13} 外,其余子集中各实例的保险类别已完全相同。所以,不需再对其进行分类,而每一个子集中那个相同的保险类别值就可作为相应分枝的叶子节点。添上这些叶子节点,又进一步得到发展了的部分决策树(见图 5-27)。

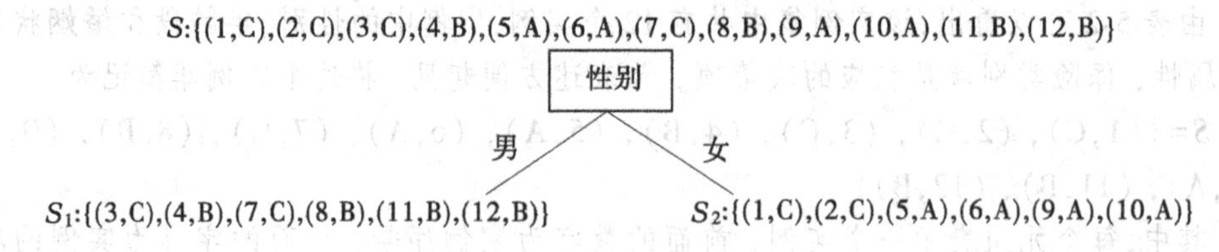

图 5-27 部分决策树 3

接着对 S_{12} 和 S_{13}，按属性"婚姻状况"进行分类（也只能按"婚姻状况"进行分类）。由于所得子集 S_{121}、S_{122} 和 S_{131}、S_{132} 中再都只含有一个实例，因此无需对它们再进行分类。这时这4个子集中各自唯一的保险类别值也就是相应分枝的叶子节点。添上这两个叶子节点，就得到如图5-28所示的决策树。

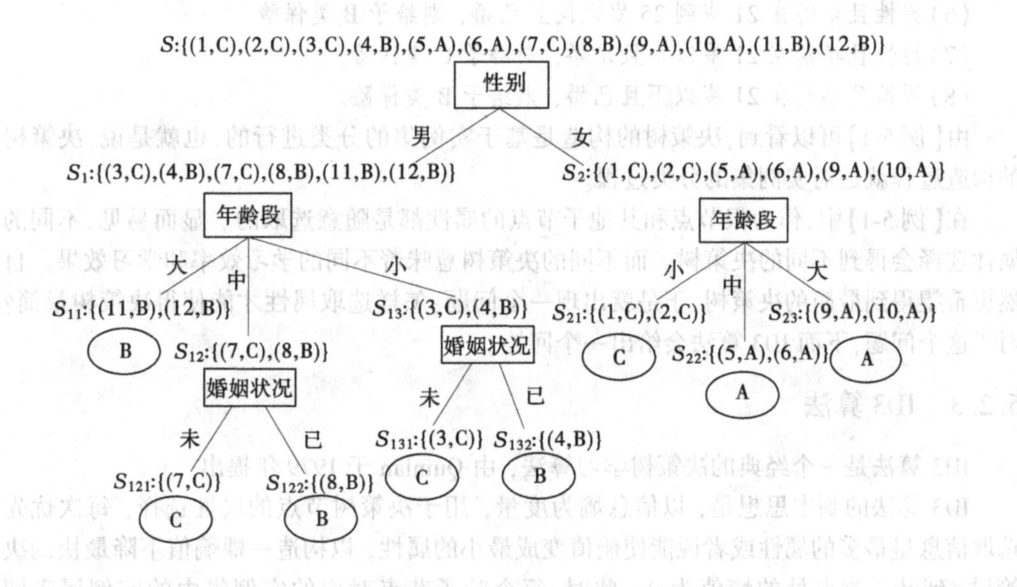

图5-28 部分决策树4

至此，全部分类工作宣告完成。现在将图中5-28所有的实例集去掉，就得到了关于保险类别划分问题的一颗完整的决策树如图5-29所示。

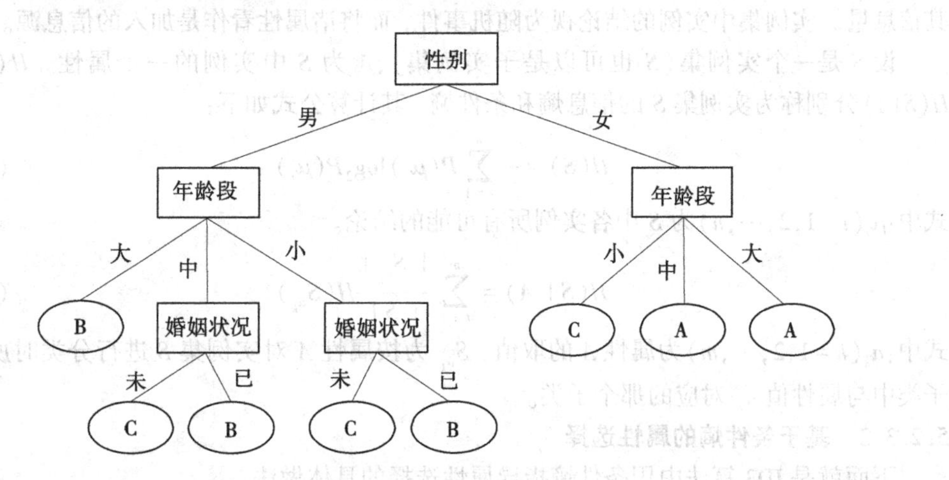

图5-29 决策树生成过程5

由这个决策树即得下面的规则集：

（1）女性且年龄在25岁以上，则给予A类保险。

(2)女性且年龄在21岁到25岁之间，则给予A类保险。

(3)女性且年龄在21岁以下，则给予C类保险。

(4)男性且年龄在25岁以上，则给予B类保险。

(5)男性且年龄在21岁到25岁之间且未婚，则给予C类保险。

(6)男性且年龄在21岁到25岁之间且已婚，则给予B类保险。

(7)男性且年龄在21岁以下且未婚，则给予C类保险。

(8)男性且年龄在21岁以下且已婚，则给予B类保险。

由【例5-1】可以看到,决策树的构造是基于实例集的分类进行的,也就是说,决策树的构造过程就是对实例集的分类过程。

在【例5-1】中,作为根节点和其他子节点的属性都是随意选取的。显而易见,不同的属性选择会得到不同的决策树。而不同的决策树意味着不同的学习效率和学习效果。自然更希望得到最简的决策树,于是就出现一个问题:怎样选取属性才能使得决策树最简?对于这个问题,下面ID3算法会给出一个回答。

5.2.3 ID3算法

ID3算法是一个经典的决策树学习算法，由Quinlan于1979年提出。

ID3算法的基本思想是，以信息熵为度量，用于决策树节点的属性选择，每次优先选取信息量最多的属性或者说能使熵值变成最小的属性，以构造一棵熵值下降最快的决策树，到叶子节点处的熵值为0。此时,每个叶子节点对应的实例集中的实例属于同一类。

5.2.3.1 信息熵和条件熵

ID3算法将实例集视为一个离散的信息系统,用信息熵(entropy of information)表示其信息量。实例集中实例的结论视为随机事件，而将诸属性看作是加入的信息源。

设S是一个实例集(S也可以是子实例集),A为S中实例的一个属性。$H(S)$和$H(S|A)$分别称为实例集S的信息熵和条件熵，其计算公式如下：

$$H(S) = -\sum_{i=1}^{n} P(\mu_i)\log_2 P(\mu_i) \tag{5-16}$$

式中:$\mu_i(i=1,2,\cdots,n)$为S中各实例所有可能的结论。

$$H(S|A) = \sum_{k=1}^{m} \frac{|S_{a_k}|}{|S|} H(S_{a_k}) \tag{5-17}$$

式中:$a_k(k=1,2,\cdots,m)$为属性A的取值，S_{a_k}为按属性A对实例集S进行分类时所得诸子类中与属性值a_k对应的那个子类。

5.2.3.2 基于条件熵的属性选择

下面就是ID3算法中用条件熵指导属性选择的具体做法。

对于一个待分类的实例集S,先分别计算各可取属性$A_j(j=1,2,\cdots,l)$的条件熵$H(S|A_j)$,然后取其中条件熵最小的属性A_s作为当前节点。

例如对于例5-1，当第一次对实例集S进行分类时，可选取的属性有：性别、年龄段和婚姻状况。先分别计算S的条件熵。

按性别划分，实例集 S 被分为两个子类：

$S_{男}=\{(3,C),(4,B),(7,C),(8,B),(11,B),(12,B)\}$

$S_{女}=\{(1,C),(2,C),(5,A),(6,A),(9,A),(10,A)\}$

从而，对子集 $S_{男}$ 而言，

$$P(A)=\frac{0}{6}=0,P(B)=\frac{4}{6},P(C)=\frac{2}{6}$$

对子集 $S_{女}$ 而言，

$$P(A)=\frac{4}{6},P(B)=\frac{0}{6}=0,P(C)=\frac{2}{6}$$

于是，由式(5-16)有：

$$\begin{aligned}H(S_{男})&=-[P(A)\log_2P(A)+P(B)\log_2P(B)+P(C)\log_2P(C)]\\&=-\left[\frac{0}{6}\times\log_2\left(\frac{0}{6}\right)+\frac{4}{6}\times\log_2\left(\frac{4}{6}\right)+\frac{2}{6}\times\log_2\left(\frac{2}{6}\right)\right]\\&=-\left[0+\frac{4}{6}\times(-0.5850)+\frac{2}{6}\times(-1.5850)\right]\\&=-(-0.39-0.5283)\\&=0.9183\end{aligned}$$

$$\begin{aligned}H(S_{女})&=-[P(A)\log_2P(A)+P(B)\log_2P(B)+P(C)\log_2P(C)]\\&=-\left[\frac{4}{6}\times\log_2\left(\frac{4}{6}\right)+\frac{0}{6}\times\log_2\left(\frac{0}{6}\right)+\frac{2}{6}\times\log_2\left(\frac{2}{6}\right)\right]\\&=-\left[\frac{4}{6}\times(-0.5850)+0+\frac{2}{6}\times(-1.5850)\right]\\&=-(-0.39-0.5283)\\&=0.9183\end{aligned}$$

又

$$\frac{|S_{男}|}{|S|}=\frac{|S_{女}|}{|S|}=\frac{6}{12}$$

将以上结果代入式(5-17)得：

$$\begin{aligned}H(S|\text{性别})&=\frac{6}{12}\times H(S_{男})+\frac{6}{12}\times H(S_{女})\\&=\frac{6}{12}\times0.9183+\frac{6}{12}\times0.9183=0.9183\end{aligned}$$

用同样的方法可求得：

$$H(S|\text{年龄段})=\frac{4}{12}\times H(S_{大})+\frac{4}{12}\times H(S_{中})+\frac{4}{12}\times H(S_{小})=1.1035$$

$$H(S|\text{婚姻状况})=\frac{6}{12}\times H(S_{未})+\frac{6}{12}\times H(S_{已})=1.5062$$

可见，条件熵 $H(S|\text{性别})$ 为最小，所以应取“性别”这一属性对实例集进行分类，即以“性别”作为决策树的根节点。

5.2.3.3　决策树学习的发展

决策树学习是一种很早就出现的归纳学习方法，至今仍然在不断发展。据文献记载，20 世纪 60 年代初的“基本的感知器”(elementary perceiver and memorizer,EPAM)中就使用了决策树学习。稍后的概念学习系统 CLS 则使用启发式的前瞻方法来构造决策树。继 1979 年的 ID3 算法之后，人们又于 1986 年、1988 年相继提出了 ID4 算法和 ID5 算法。1993 年 J. R. Quinlan 则进一步将 ID3 算法发展成 C4. 5 算法。另一类著名的决策树学习算法称为 CART(classification and regression trees)。

5.3　神经网络学习

5.3.1　生物神经元

这里的神经元指神经细胞，它是生物神经系统最基本的单元，其基本结构如图 5-30 所示。可以看出,神经元由细胞体、树突和轴突组成。细胞体是神经元的主体，它由细胞核、细胞质和细胞膜 3 部分构成。从细胞体向外延伸出许多突起，其中大部分突起呈树状，称为树突。树突起感受作用，接受来自其他神经元的传递信号。另外，由细胞体伸出的一条最长的突起，用来传出细胞体产生的输出信号，称为轴突;轴突末端形成许多细的分枝，叫作神经末梢;每一条神经末梢可以与其他神经元形成功能性接触，该接触部位称为突触。所谓功能性接触,是指并非永久性接触，它是神经元之间信息传递的奥秘之处。

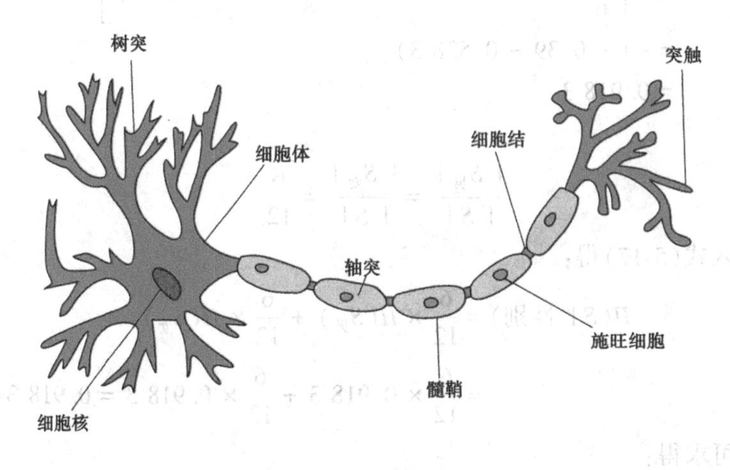

图 5-30　生物神经元的基本结构

5.3.2　人工神经元

如果对生物神经元做以适当的结构简化和功能抽象,就得到所谓的人工神经元。一般地,人工神经元的结构模型如图 5-31 所示。它是一个多输入单输出的非线性阈值器件。其中 $x_1,x_2,\cdots x_n$ 表示神经元的 n 个输入信号量;$w_1,w_2,\cdots,w_n$ 表示对应输入的权值,它表示各信号源神经元与该神经元的连接强度;A 表示神经元的输入总和,它相应于生物神经细胞的膜电位,称为激活函数;y 表示神经元的输出;θ 表示神经元的阈值。于是,人工神经元的输入、输出关系可描述为

$$y=f(A) \tag{5-18}$$

$$A=\sum_{i=1}^{n}\omega_i x_i-\theta \tag{5-19}$$

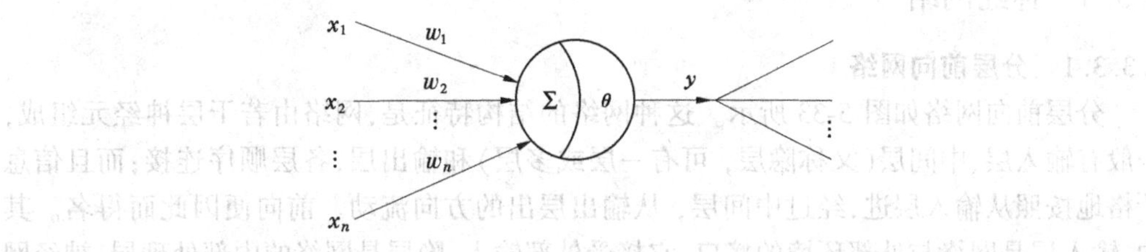

图5-31 人工神经元的结构模型

函数 $y=f(A)$ 称为特性函数(亦称作用函数或传递函数)。特性函数可以看作是神经元的数学模型。常见的特性函数有以下几种。

5.3.2.1 阈值型

$$y=f(A)=\begin{cases}1 & (A>0)\\ 0 & (A\leqslant 0)\end{cases} \tag{5-20}$$

5.3.2.2 S型

这类函数的输入-输出特性多采用指数、对数或双曲正切等S型函数表示。例如:

$$y=f(A)=\frac{1}{1+\mathrm{e}^{-A}} \tag{5-21}$$

S型特性函数反映了神经元的非线性输出特性。

5.3.2.3 分段线性型

神经元的输入-输出特性满足一定的区间线性关系,其特性函数表达为

$$y=\begin{cases}0 & (A\leqslant 0)\\ KA & (0<A\leqslant A_k)\\ 1 & (A_k<A)\end{cases} \tag{5-22}$$

式中:K、A_k 均为常量。

以上3种特性函数的图像依次如图5-32(a)、(b)、(c)所示。由于特性函数的不同,神经元也就分为阈值型、S型和分段线性型3类。另外,还有一类概率型神经元,它是一类二值型神经元。与上述3类神经元模型不同,其输出状态为0或1是根据激励函数值的大小,按照一定的概率确定的。例如,一种称为波尔茨曼机神经元就属此类。

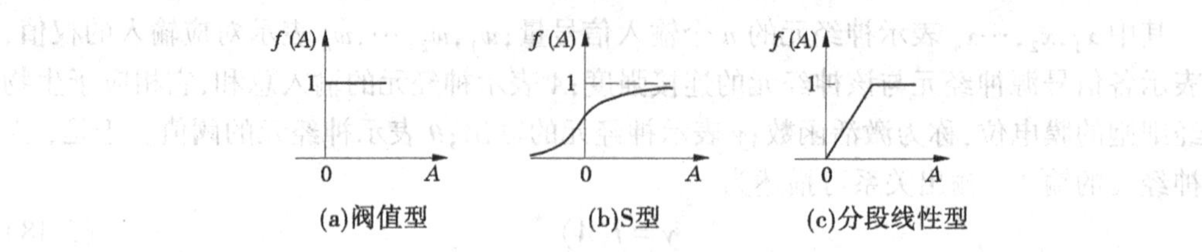

图 5-32　神经元特性函数

5.3.3　神经网络

5.3.3.1　分层前向网络

分层前向网络如图 5-33 所示。这种网络的结构特征是,网络由若干层神经元组成,一般有输入层、中间层(又称隐层,可有一层或多层)和输出层,各层顺序连接;而且信息严格地按照从输入层进,经过中间层,从输出层出的方向流动。前向便因此而得名。其中,输入层是网络与外部环境的接口,它接受外部输入;隐层是网络的内部处理层,神经网络具有的模式变换能力,如模式分类、模式完善、特征抽取等,主要体现在隐层神经元的处理能力上;输出层是网络的输出接口,网络信息处理结果由输出层向外输出。如后文介绍的 BP 网络就是一种典型的分层前向网络。

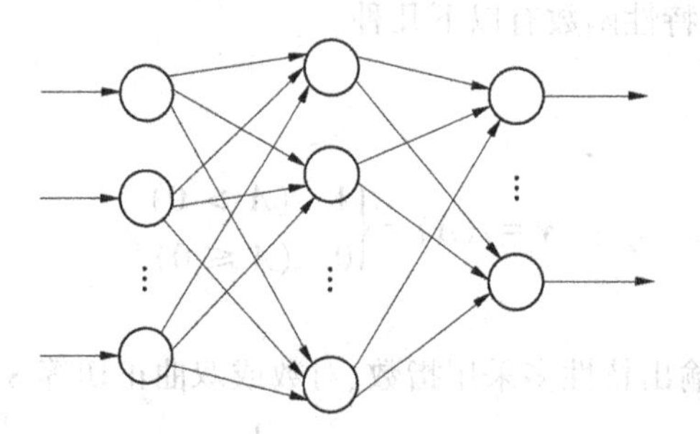

图 5-33　分层前向网络

5.3.3.2　反馈前向网络

反馈前向网络如图 5-34 所示。它也是一种分层前向网络,但它的输出层到输入层具有反馈连接。反馈的结果形成封闭环路,具有反馈的单元也称为隐单元,其输出称为内部输出。

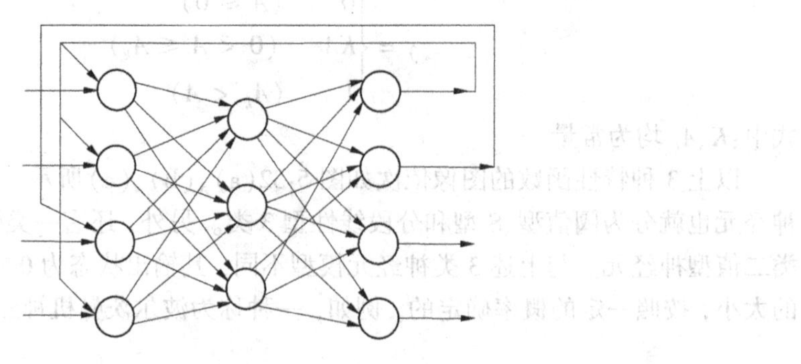

图 5-34　反馈前向网络

5.3.3.3　互连前向网络

互连前向网络如图5-35所示。它也是一种分层前向网络，但它的同层神经元之间有相互连接。同一层内单元的相互连接使它们之间有彼此牵制作用。

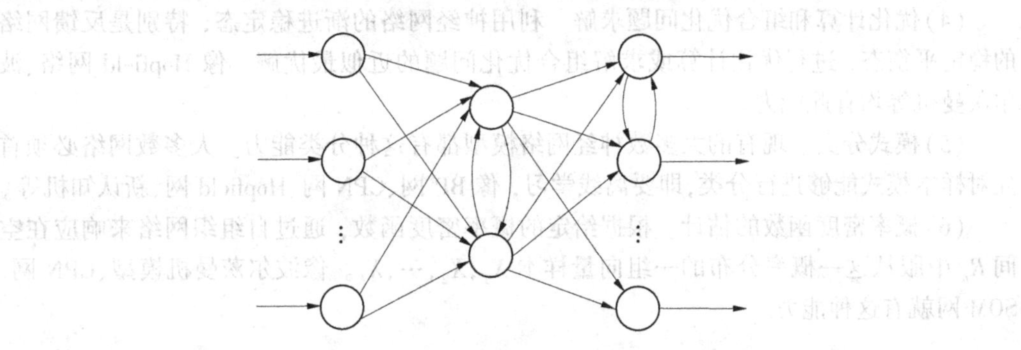

图5-35　互连前向网络

5.3.3.4　广泛互连网络

所谓广泛互连，是指网络中任意两个神经元之间都可以或可能是可达的，即存在连接路径，广泛互连网络如图5-36所示。著名的Hopfield网络、波尔茨曼机模型结构均属此类。

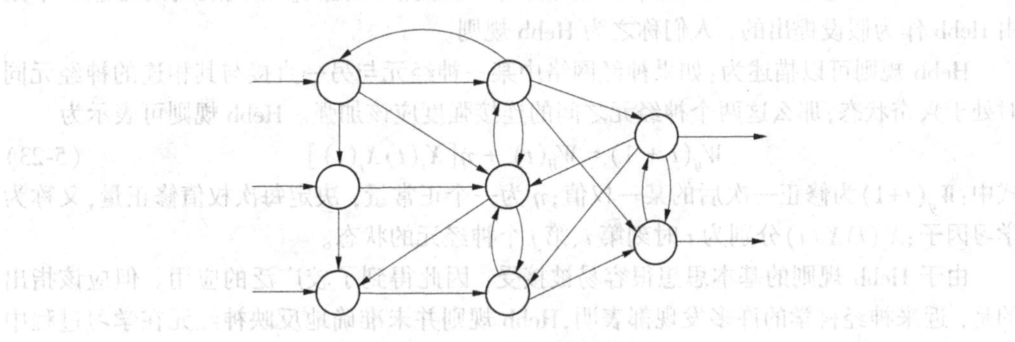

图5-36　广泛互连网络

显然，这4种网络结构其复杂程度是递增的，对于简单的前向网络，给定某一输入，网络就能迅速产生一个相应输出模式，但在互连型网络中，输出模式的产生就不这么简单。对于给定的某一输入模式，由某一初始网络参数出发，在一段时间内网络处于不断改变输出模式的动态变化中，网络最终有可能产生某一稳定输出模式，但也有可能进入周期性振荡或混沌状态。因此，互连型网络被认为是一种非线性动力学系统。

神经网络至少可以实现如下功能：

(1)数学上的映射逼近。通过一组映射样本$(x_1,y_1),(x_2,y_2),\cdots,(x_n,y_n)$，网络以自组织方式寻找输入与输出之间的映射关系：$y_i=f(x_i)$。这种映射逼近能力可用于系统建模、模式识别与分类等。具有这种能力的典型网络有BP网络等。

(2)数据聚类、压缩。通过自组织方式对所选输入模式聚类。若输入模式不属于已有的聚类，则可以产生新的聚类。同一聚类可对应于多个输入模式；另外，聚类是可变的。这是一种编码形式，而不同于分类。典型的网络如ART模型，其应用如语音识别中用来减小输入的维数，减小存储数据的位数等。

(3)联想记忆。实现模式完善、恢复，相关模式的相互回忆等。典型的如 Hopfield 网络、CPN 网络等。

(4)优化计算和组合优化问题求解。利用神经网络的渐进稳定态，特别是反馈网络的稳定平衡态，进行优化计算或求解组合优化问题的近似最优解。像 Hopfield 网络、波尔茨曼机等均有此能力。

(5)模式分类。现有的大多数神经网络模型都有这种分类能力。大多数网络必须首先对样本模式能够进行分类，即要离线学习，像 BP 网、CPN 网、Hopfield 网、新认知机等。

(6)概率密度函数的估计。根据给定的概率密度函数，通过自组织网络来响应在空间 R_n 中服从这一概率分布的一组向量样本 $X_1, X_2, \cdots, X_k$。像波尔茨曼机模型、CPN 网、SOM 网就有这种能力。

5.3.4 神经网络学习

5.3.4.1 学习规则

权值修正学派认为：神经网络的学习过程就是不断调整网络的连接权值，以获得期望的输出过程。所以，学习规则就是权值修正规则。

典型的权值修正规则有两种，即相关规则和误差修正规则。相关规则的思想最早是由 Hebb 作为假设提出的，人们称之为 Hebb 规则。

Hebb 规则可以描述为：如果神经网络中某一神经元与另一直接与其相连的神经元同时处于兴奋状态，那么这两个神经元之间的连接强度应该加强。Hebb 规则可表示为

$$W_{ij}(t+1) = W_{ij}(t) + \eta[X_i(t)X_j(t)] \tag{5-23}$$

式中：$W_{ij}(t+1)$ 为修正一次后的某一权值；η 为一个正常量，决定每次权值修正量，又称为学习因子；$X_i(t)X_j(t)$ 分别为 t 时刻第 i、第 j 个神经元的状态。

由于 Hebb 规则的基本思想很容易被接受，因此得到了较广泛的应用。但应该指出的是，近来神经科学的许多发现都表明，Hebb 规则并未准确地反映神经元在学习过程中突触变化的基本规律。

误差修正规则是神经网络学习中另一类更重要的权值修正方法，像感知机学习、BP 学习均属此类。最基本的误差修正规则，即常说的 δ 学习规则，可由以下 4 个步骤来描述：

步骤 1　选择一组初始权值 $W_{ij}(0)$。

步骤 2　计算某一输入模式对应的实际输出与期望输出的误差。

步骤 3　用下式更新权值（阈值可视为输入恒为-1 的一个权值）：

$$W_{ij}(t+1) = W_{ij}(t) + \eta[d_j - y_j(t)]x_i(t) \tag{5-24}$$

步骤 4　返回步骤 2，直到对所有训练模式、网络输出均能满足要求。

5.3.4.2 学习方法分类

从不同角度考虑，神经网络的学习方法有不同的分类。表 5-3 列出了常见的几种分类情况。

表 5-3　神经网络学习方法的常见分类

外部影响	内都变化	算法性质	输入要求
1. 有导师学习	1. 权值修正	1. 确定性学习	1. 基于相似性(例子)学习
2. 强化学习	2. 拓扑变化	2. 随机性学习	2. 基于命令学习
3. 无导师学习	3. 权值与拓扑修正		

一般地，提供给神经网络学习的外部指导信息越多,神经网络学会并掌握的知识也越多,解决问题的能力就越强。但是，有时神经网络所要解决的问题预知的指导信息甚少,甚至没有,在这种情况下强化学习、无导师学习就显得更有实际意义。

从神经网络内部状态变化的角度来分,学习技术分为3种,即权值修正、拓扑变化、权值与拓扑修正。补充学习就是一种拓扑变化学习。在补充学习中,神经网络由两类处理单元组成：受约单元和自由单元。所谓受约单元,是指那些已经表示某类信息或功能的单元,它可以与其他受约单元相连，也可以与自由单元组成一种原始的神经网络。补充学习强调一组受约单元与自由单元之间的连接,自由单元可以转化为受约单元。由此可见,自由单元的网络中可能嵌有受约单元的子网络。

5.3.5　BP 网络及其学习举例

BP(back propagation)网络,即误差反向传播网络,是应用最广泛的一种神经网络模型。

(1)BP 网络的拓扑结构为分层前向网络。

(2)神经元的特性函数为 Sigmoid 型(S 型)函数,一般取为：

$$f(x)=\frac{1}{1+\mathrm{e}^{-x}} \tag{5-25}$$

(3)输入为连续信号量(实数)。

(4)学习方式为有导师学习。

(5)学习算法为推广的δ学习规则，称为误差反向传播算法,简称 BP 学习算法。

BP 学习算法的一般步骤如下：

步骤1　初始化网络权值、阈值及有关参数(如学习因子η等)。

步骤2　计算总误差。

$$E=\frac{1}{2P}\sum_{k}E_{k} \tag{5-26}$$

式中:P为样本的个数。

$$E_{k}=\frac{1}{2}\sum_{j}(y_{k_j}-y_{k_j'})^{2} \tag{5-27}$$

式中:y_{k_j}为输出层节点j对第k个样本的输入对应的输出(称为期望输出),$y_{k_j'}$为节点j的实际输出。

步骤3　对样本集中各个样本依次重复以下过程,然后转步骤2。

首先,取一样本数据输入网络,然后按下式向前计算各层节点(记为 j)的输出:

$$O_j = f(a_j) = \frac{1}{1 + e^{aj}} \tag{5-28}$$

$$a_j = \sum_{i=0}^{n} w_{ij} O_j \tag{5-29}$$

式中:O_j 为节点 j 的输入加权和;i 为 j 的信号源方向的相邻层节点;$O_0 = -1, w_{0j} = \theta$(阈值)。

其次,从输出层节点到输入层节点以反向顺序,对各连接权值 w_{ij} 按式(5-30)进行修正:

$$w_{ij}(t+1) = w(t) + \eta\delta_j O_i \tag{5-30}$$

其中:

$$\delta_j = \begin{cases} a_j(1-a_j)(y_j - y_j') & (对于输出节点) \\ a_j(1-a_j)\sum_l \delta_l w_{lj} & (对于中间节点) \end{cases} \tag{5-31}$$

式中:l 为与节点 j 在输出侧有连接的节点个数。

算法中的 δ_j 称为节点 j 的误差。它的来历如下:

$$\frac{E_k}{w_{ij}} \frac{E_k}{a_{ij}} \frac{a_j}{w_{ij}} = \frac{E_k}{a_j} Q_i \tag{5-32}$$

于是,令

$$\delta_j = \frac{-E_k}{a_j} \tag{5-33}$$

当 j 为输出节点时

$$\frac{E_k}{a_{ij}} = \frac{E_k}{y_i'} \frac{y_j'}{a_j} = -(y_i - y_j')f'(a_j) = -(y_i - y_j')a_j(1-a_j) \tag{5-34}$$

当 j 为中间节点时

$$\frac{E_k}{a_j} = \frac{E_k}{O_j} \frac{O_j}{a_j} = \left(\sum_l \frac{E_k}{a_j} \frac{a_l}{a_j}\right) \frac{O_j}{a_j} = (\sum_l \delta_l w_{lj}) f'(a_j) = a_j(1-a_j) \sum_l \delta_l w_{lj} \tag{5-35}$$

可以看出,式中 E_k 为网络输出 $y_{k_j'}(j=1,2,\cdots,n)$ 的函数,而 $y_{k_j'}$ 又是权值 w_{ij} 的函数,所以 E_k 实际是 w_{ij} 的函数。网络学习的目的就是要使这个误差函数达到最小值。

5.3.6 神经网络模型

神经网络模型是一个在神经网络研究和应用中经常提到的概念。所谓神经网络模型,是关于一个神经网络的综合描述和整体概念,包括网络的拓扑结构、输入输出信号类型、信息传递方式、神经元特性函数、学习方式、学习算法等。表 5-4 为一些著名的神经网络模型。

神经网络模型也可按其功能、结构、学习方式等的不同进行分类。

5.3.6.1 按学习方式分类

神经网络的学习方式包括 3 种:有导师学习、强化学习和无导师学习。按学习方式

表 5-4 一些著名的神经网络模型

名称	学习方式	拓扑结构	典型应用
感知机(Perceptron)	有导师	前向	线性分类
误差反向传播网(BP)	有导师	前向	模式分类、映射、特征抽取
自适应线性元件(Adaline)	有导师	前向	控制、预测、分类
自适应共振理论(ART)	无导师	反馈	模式识别、分类
双向联想记忆(BAM)	不学习	反馈	图像识别
波尔茨曼机(BM)	有导师	反馈前向	模式识别、组合优化
柯西机(CM)	有导师	反馈	模式识别、组合优化
盒中脑(BSB)	有导师	反馈	数据库知识提取
反传网络(CPN)	有导师	前向	联想记忆、图像压缩、统计分析
Hopfield 网络		反馈	
(DHNN)	无导师		联想记忆
(CHNN)	不学习		组合优化
多层自适应线性元件(Madaline)	有导师	前向	自适应控制
新认知机 Neocognitron	有导师	前向	字符识别
自组织映射(SOM)	无导师	前向	聚类、特征抽取
细胞神经网络(CNN)	不学习	反馈	图像处理、图形辨识

进行神经网络模型分类时，可以分为相应的 3 种，即有导师学习网络、强化学习网络及无导师学习网络。

5.3.6.2 按网络结构分类

神经网络的连接结构分为两大类：分层结构与互连结构。分层结构网络有明显的层次，信息的流向由输入层到输出层，因此构成一大类网络，即前向网络。对于互连结构网络，没有明显的层次，任意两处理单元之间都是可达的，具有输出单元到隐单元(或输入单元)的反馈连接，这样就形成另一类网络，称之为反馈网络。

5.3.6.3 按网络的状态分类

在神经网络模型中，处理单元(神经元)的状态有两种形式：连续时间变化状态、离散时间变化状态。如果神经网络模型的所有处理单元状态能在某一区间连续取值，这样的网络称为连续型网络；如果神经网络模型的所有处理单元状态只能取离散的二进制值 0 或 1(或-1、+1)，那么称这种网络为离散型网络。典型的 Hopfield 网络同时具有这两类网络，分别称为连续型 Hopfield 网络和离散型 Hopfield 网络。另外，还有输出为二进制值 0 或 1、输入为连续值的神经网络模型，如柯西机模型。

5.3.6.4 按网络的活动方式分类

确定神经网络处理单元的状态取值有两种活动方式：一种是由确定性输入经确定性作用函数，产生确定性的输出状态；另一种是由随机输入或随机性作用函数，产生遵从一定概率分布的随机输出状态。具有前一种活动方式的神经网络，称为确定性网络。已有的大部分神经网络模型均属此类。而后一种活动方式的神经网络，称为随机性网络。随机性网络的典型例子有波尔茨曼机、柯西机和高斯机等。

5.4 知识发现与数据挖掘

5.4.1 知识发现的一般过程

5.4.1.1 数据准备

数据准备又可分为3个子步骤：数据选取、数据预处理和数据变换。数据选取就是确定目标数据，即操作对象，它是根据用户的需要从原始数据库中抽取的一组数据。数据预处理一般可能包括消除噪声、推导计算缺值数据、消除重复记录、完成数据类型转换等。当数据开采的对象是数据仓库时，一般来说，数据预处理已经在生成数据仓库时完成了。数据变换的主要目的是消减数据维数，即从初始特征中找出真正有用的特征以减少数据开采时要考虑的特征或变量个数。

5.4.1.2 数据挖掘

数据挖掘阶段首先要确定开采的任务或目的是什么，如数据总结、分类、聚类、关联规则或序列模式等。确定了开采任务后，就要决定使用什么样的开采算法。同样的任务可以用不同的算法来实现，选择实现算法有两个考虑因素：一是不同的数据有不同的特点，因此需要用与之相关的算法来开采；二是用户或实际运行系统的要求，有的用户可能希望获取描述型的、容易理解的知识，而有的用户或系统的目的是获取预测准确度尽可能高的预测型知识。

5.4.1.3 解释和评价

数据挖掘阶段发现出来的知识模式中可能存在冗余或无关的模式，所以还要经过用户或机器的评价。若发现所得模式不满足用户要求，则需要退回到发现阶段之前，如重新选取数据，采用新的数据变换方法，设定新的数据挖掘参数值，甚至换一种采掘算法。

5.4.1.4 知识表示

由于数据挖掘的最终是面向人的，因此可能要对发现的模式进行可视化，或者把结果转换为用户易懂的另一种表示，如把分类决策树转换为“if—then”规则。

5.4.2 知识发现的对象

5.4.2.1 数据库

数据库是当然的知识发现对象。当前研究比较多的是关系数据库的知识发现。其主要研究课题有：超大数据量、动态数据、噪声、数据不完整性、冗余信息和数据稀疏等。

5.4.2.2 **数据仓库**

随着计算机技术的迅猛发展，到20世纪80年代，许多企业的数据库中已积累了大量的数据。于是，便产生了进一步使用这些数据的需求(就是想通过对这些数据的分析和推理，为决策提供依据)。但对于这种需求，传统的数据库系统却难以实现。这是因为：①传统数据库一般只存储短期数据，而决策需要大量历史数据；②决策信息涉及许多部门的数据，而不同系统的数据难以集成。在这种情况下，数据仓库(data warehouse)技术便应运而生。

目前，人们对数据仓库有很多不同的理解。Inmon将数据仓库明确定义为：数据仓库是面向主题的、集成的、内容相对稳定的、不同时间的数据集合，用以支持经营管理中的决策制定过程。

具体来讲，数据仓库收集不同数据源中的数据，将这些分散的数据集中到一个更大的库中，最终用户从数据仓库中进行查询和数据分析。数据仓库中的数据应是良好定义的、一致的、不变的，数据量也应足够支持数据分析、查询、报表生成和与长期积累的历史数据的对比。

数据仓库是一个决策支持环境，通过数据的组织给决策支持者提供分布的、跨平台的数据，使用过程中可忽略许多技术细节。总之，数据仓库有以下4个基本特征：

(1)数据仓库的数据是面向主题的。

(2)数据仓库的数据是集成的。

(3)数据仓库的数据是稳定的。

(4)数据仓库的数据是随时间不断变化的。

数据仓库是面向决策分析的，数据仓库从事务型数据抽取并集成得到分析型数据后，需要各种决策分析工具对这些数据进行分析和挖掘，才能得到有用的决策信息。而数据挖掘技术具备从大量数据中发现有用信息的能力，于是数据挖掘自然成为数据仓库中进行数据深层分析的一种必不可少的手段。

数据挖掘往往依赖于经过良好组织和预处理的数据源，数据的好坏直接影响数据挖掘的效果，因此数据的前期准备是数据挖掘过程中一个非常重要的阶段。而数据仓库具有从各种数据源中抽取数据，并对数据进行清洗、聚集和转移等各种处理的能力，恰好为数据挖掘提供了良好的进行前期数据准备工作的环境。

5.4.2.3 Web**信息**

随着Web的迅速发展，分布在Internet上的Web网页已构成了一个巨大的信息空间。在这个信息空间中也蕴藏着丰富的知识。因此，Web信息也就理所当然地成为一个知识发现对象。基于Web的数据挖掘称为Web挖掘。

Web挖掘主要分为内容挖掘、结构挖掘和用法挖掘。

(1)内容挖掘是指从Web文档的内容中提取知识。Web内容挖掘又可分为对文本文档(包括text、HTML等格式)和多媒体文档(包括image、audio、video等类型)的挖掘。如对这些文档信息进行聚类、分类、关联分析等。

(2)结构挖掘包括文档之间的超链结构、文档内部的结构、文档URL中的目录路径结构等，从这些结构信息中发现规律，提取知识。

(3)用法挖掘就是对用户访问 Web 时在服务器留下的访问记录进行挖掘，以发现用户上网的浏览模式、访问兴趣、检索频率等信息。在用户浏览模式分析中主要包括了针对用户群的一般的访问模式追踪和针对单个用户的个性化使用记录追踪；挖掘的对象是服务器上包括 Server Log Data 等日志。

5.4.2.4　图像和视频数据

图像和视频数据中也存在有用的信息需要挖掘。比如，地球资源卫星每天都要拍摄大量的图像或录像，对同一个地区而言，这些图像存在着明显的规律性，白天和黑夜的图像不一样，当可能发生洪水时与正常情况下的图像又不一样。通过分析这些图像的变化,可以推测天气的变化，可以对自然灾害进行预报。这类问题，在通常的模式识别与图像处理中都需要通过人工来分析这些变化规律，从而不可避免地漏掉了许多有用的信息。

5.4.3　知识发现的任务

5.4.3.1　数据总结

数据总结的目的是对数据进行浓缩,给出它的紧凑描述。传统的也是最简单的数据总结方法是计算出数据库中各个字段上的求和值、平均值、方差值等统计值，或者用直方图、饼状图等图形方式表示。数据挖掘主要关心从数据泛化的角度来讨论数据总结。数据泛化是一种把数据库中的有关数据从低层次抽象到高层次的过程。

5.4.3.2　概念描述

有两种典型的描述:特征描述和判别描述。特征描述是从与学习任务相关的一组数据中提取出关于这些数据的特征式,这些特征式表达了该数据集的总体特征;而判别描述则描述了两个或多个类之间的差异。

5.4.3.3　分类(classification)

分类是数据挖掘中一项非常重要的任务,目前在商业上应用最多。分类的目的是提出一个分类函数或分类模型(也常常称作分类器),该模型能把数据库中的数据项映射到给定类别中的某一个。

5.4.3.4　聚类(clustering)

聚类是根据数据的不同特征,将其划分为不同的类。它的目的使得属于同一类别的个体之间的差异尽可能得小,而不同类别上的个体间的差异尽可能得大。聚类方法包括统计方法、机器学习方法、神经网络方法和面向数据库的方法等。

5.4.3.5　相关性分析

相关性分析的目的是发现特征之间或数据之间的相互依赖关系。数据相关性关系代表一类重要的可发现的知识。一个依赖关系存在于两个元素之间。如果从一个元素 A 的值可以推出另一个元素 B 的值，则称 B 依赖于 A。这里所谓的元素可以是字段，也可以是字段间的关系。

5.4.3.6　偏差分析

偏差分析包括分类中的反常实例、例外模式、观测结果对期望值的偏离以及量值随时间的变化等，其基本思想是寻找观察结果与参照量之间有意义的差别。通过发现异常，可以引起人们对特殊情况加倍注意。

5.4.3.7　建模

建模就是通过数据挖掘，构造出能描述一种活动、状态或现象的数学模型。

5.4.4　知识发现的方法

5.4.4.1　统计方法

事物的规律性，一般从其数量上会表现出来。而统计方法就是从事物的外在数量上的表现去推断事物可能的规律性。因此，统计方法就是知识发现的一个重要方法。常见的统计方法有回归分析、判别分析、聚类分析及探索分析等。

5.4.4.2　机器学习方法

KDD(知识发现)和DM(数据挖掘)就是机器学习的具体应用，理所当然地要用到机器学习方法，包括符号学习和连接学习及统计学习等。

5.4.4.3　粗糙集及模糊集

粗糙集(RS)理论由波兰学者Zdziskew Pawlak在1982年提出，它是一种新的数学工具，用于处理含糊性和不确定性，在数据挖掘中也可发挥重要作用。简单地说，粗糙集是由集合的下近似、上近似来定义的。下近似中的每一个成员都是该集合的确定成员，若不是上近似中的成员肯定不是该集合的成员。粗糙集的上近似是下近似和边界区的合并。边界区的成员可能是该集合的成员，但不是确定的成员。可以认为粗糙集是具有三值隶属函数的模糊集，即是、不是、也许。与模糊集一样，它是一种处理数据不确定性的数学工具，常与规则归纳、分类和聚类方法结合起来使用。

5.4.4.4　智能计算方法

智能计算方法包括进化计算、免疫计算、量子计算和支持向量机等。这些方法可以说正是在数据挖掘的刺激和推动下迅速发展起来的智能技术，它们也可有效地用于知识发现和数据挖掘。

5.4.4.5　可视化

可视化(visualization)就是把数据、信息和知识转化为图形表现形式的过程。可视化可使抽象的数据信息形象化。于是，人们便可以直观地对大量数据进行考察、分析，发现其中蕴藏的特征、关系、模式和趋势等。因此，信息可视化也是知识发现的一种有用的手段。

5.5　机器学习常用算法

5.5.1　贝叶斯算法

贝叶斯分类算法是统计学的一种分类方法，它是一类利用概率统计知识进行分类的算法。在许多场合，朴素贝叶斯(Naïve Bayes，NB)分类算法可以与决策树和神经网络分类算法相媲美，该算法能运用到大型数据库中，而且方法简单、分类准确率高、速度快。

由于贝叶斯定理假设一个属性值对给定类的影响独立于其他属性的值，而此假设在实际情况中经常是不成立的，因此其分类准确率可能会下降。为此，就衍生出许多降低独立性假设的贝叶斯分类算法，如TAN(tree augmented Bayes network)算法。

设每个数据样本用一个 n 维特征向量来描述 n 个属性的值，即 $X=\{x_1,x_2,\cdots,x_n\}$，假定有 m 个类，分别用 $C_1,C_2,\cdots,C_m$ 表示。给定一个未知的数据样本 X(没有类标号)，若朴素贝叶斯分类法将未知的样本 X 分配给类 C_i，则一定是

$$P(C_i\mid X)>P(C_j\mid X)\quad(1\leqslant j\leqslant m,j\neq i)$$

根据贝叶斯定理，由于 $P(X)$ 对于所有类为常数，最大化后验概率 $P(C_i|X)$ 可转化为最大化先验概率 $P(X|C_i)P(C_i)$。如果训练数据集有许多属性和元组，计算 $P(X|C_i)$ 的开销可能非常大，为此，通常假设各属性的取值互相独立，这样先验概率 $P(x_1|C_i)$，$P(x_2|C_i)$，…，$P(x_n|C_i)$ 可以从训练数据集求得。

根据此方法，对一个未知类别的样本 X，可以先分别计算出 X 属于每一个类别 C_i 的概率 $P(X|C_i)P(C_i)$，然后选择其中概率最大的类别作为其类别。

朴素贝叶斯算法成立的前提是各属性之间互相独立。当数据集满足这种独立性假设时，分类的准确度较高，否则可能较低。另外，该算法没有分类规则输出。

5.5.2 TAN算法(树增强型朴素贝叶斯算法)

TAN算法通过发现属性对之间的依赖关系来降低NB算法中任意属性之间独立的假设。它是在NB网络结构的基础上增加属性对之间的关联(边)来实现的。

实现方法是：用节点表示属性，用有向边表示属性之间的依赖关系，把类别属性作为根节点，其余所有属性都作为它的子节点。通常，用虚线代表NB算法所需的边，用实线代表新增的边。属性 A_i 与 A_j 之间的边意味着属性 A_i 对类别变量 C 的影响还取决于属性 A_j 的取值。

这些增加的边需满足下列条件：类别变量没有双亲节点，每个属性有一个类别变量双亲节点和最多另外一个属性作为其双亲节点。

5.5.3 分类算法

关联规则挖掘是数据挖掘研究的一个重要的、高度活跃的领域。近年来，数据挖掘技术已将关联规则挖掘用于分类问题，取得了很好的效果。

5.5.3.1 关联规则聚类系统

关联规则聚类系统(association rule clustering system，ARCS)基于聚类挖掘关联规则，然后使用规则进行分类。将关联规则画在2-D栅格上，算法扫描栅格，搜索规则的矩形聚类。实践发现，当数据中存在孤立点时，ARCS比C4.5稍微精确。ARCS的准确性与离散化程度有关。从可伸缩性来说，不论数据库多大，ARCS需要的存储容量为常数。

5.5.3.2 基于关联的分类

基于关联的分类(classification based on association，CBA)是基于关联规则发现方法的分类算法。该算法分两个步骤构造分类器。第一步：发现所有形如 $x_{i1}\wedge x\geqslant C_i$ 的关联规则，即右部为类别属性值的类别关联规则(分类关联规则，classification association rules，

CAR)。第二步:从已发现的 CAR 中选择高优先度的规则来覆盖训练集,也就是说,如果有多条关联规则的左部相同,而右部为不同的类,则选择具有最高置信度的规则作为可能规则。

CBA 算法的优点是其分类准确度较高,在许多数据集上比 C4.5 更精确。此外,上述两步都具有线性可伸缩性。

5.5.3.3 关联决策记录

关联决策记录(association decision tree,ADT)分二步实现以精确度驱动为基础的过度适合规则的剪枝。第一步,运用置信度规则建立分类器。主要是采用某种置信度的单调性建立基于置信度的剪枝策略。第二步,为实现精确性,用关联规则建立一种平衡于决策树(decision tree,DT)归纳的精确度驱动剪枝。这样的结果就是 ADT。它联合了大量的关联规则和 DT 归纳精确性驱动剪枝技术。

5.5.3.4 基于多类关联规则的分类(CMAR)

基于多维关联规则的分类(classification based on multiple class-association rules,CMAR)是利用 FP-Growth 算法挖掘关联规则,建立类关联分布树 FP-树。采用 CR-树(classification rule tree)结构有效地存储关联规则。基于置信度、相关性和数据库覆盖来剪枝。分类的具体执行采用加权来分析。与 CBA 和 C4.5 相比,CMAR 性能优异且伸缩性较好。但 CMAR 优先生成的是长规则,对数据库的覆盖效果较差;利用加权 x 统计量进行分类,会造成 x 统计量的失真,致使分类值的准确程度降低。

5.5.3.5 基于预测关联规则的分类

基于预测关联规则的分类(classification based on predictive association rules,CPAR)整合了关联规则分类和传统的基于规则分类的优点。为避免过度适合,在规则生成时采用贪心算法,这比产生所有候选项集的效率高;采用一种动态方法避免在规则生成时的重复计算;采用顶期精确性评价规则,并在预测时应用最优的规则,避免产生冗余的规则。另外,MSR(minimum set rule)针对基于关联规则分类算法中产生的关联规则集可能太大的问题,在分类中运用最小关联规则集。在此算法中,CARS 并不是通过置信度首先排序,因为高置信度规则对噪声是很敏感的。采用早期剪枝力方法可减少关联规则的数量,并保证在最小集中没有不相关的规则。实验证实,MSR 比 C4.5 和 CBA 的错误率要低得多。

5.5.4 遗传算法

遗传算法(genetic algorithm,GA)最早是由美国的 John holland 于 20 世纪 70 年代提出的,该算法是根据大自然中生物体进化规律而设计提出的,是模拟达尔文生物进化论的自然选择和遗传学机制的生物进化过程的计算模型,是一种通过模拟自然进化过程搜索最优解的方法。该算法通过数学的方式,利用计算机仿真运算,将问题的求解过程转换成类似生物进化中的染色体基因的交叉、变异等过程。在求解较为复杂的组合优化问题时,相比一些常规的优化算法,通常能够较快地获得较好的优化结果。遗传算法已被人们广泛地应用于组合优化、机器学习、信号处理、自适应控制和人工生命等领域。

5.5.4.1 基本框架

1. 编码

由于遗传算法不能直接处理问题空间的参数,因此必须通过编码将要求解的问题表示成遗传空间的染色体或者个体。这一转换操作就叫作编码,也可以称作(问题的)表示(representation)。

评估编码策略常采用以下3个规范:

(1)完备性(completeness)。问题空间中的所有点(候选解)都能作为GA空间中的点(染色体)表现。

(2)健全性(soundness)。GA空间中的染色体能对应所有问题空间中的候选解。

(3)非冗余性(nonredundancy)。染色体和候选解一一对应。

2. 适应度函数

进化论中的适应度,是表示某一个体对环境的适应能力,也表示该个体繁殖后代的能力。遗传算法的适应度函数也叫作评价函数,是用来判断群体中个体优劣程度的指标,它是根据所求问题的目标函数来进行评估的。

遗传算法在搜索进化过程中一般不需要其他外部信息,仅用评估函数来评估个体或解的优劣,并作为以后遗传操作的依据。由于遗传算法中,适应度函数要比较排序并在此基础上计算选择概率,所以适应度函数的值要取正值。由此可见,在不少场合,将目标函数映射成求最大值形式且函数值非负的适应度函数是必要的。

适应度函数的设计主要满足以下条件:

(1)单值、连续、非负、最大化。

(2)合理、一致性。

(3)计算量小。

(4)通用性强。

在具体应用中,适应度函数的设计要结合求解问题本身的要求而定。适应度函数设计直接影响到遗传算法的性能。

3. 初始群体选取

遗传算法中初始群体中的个体是随机产生的。一般来讲,初始群体的设定可采取如下策略:

(1)根据问题固有知识,设法把握最优解所占空间在整个问题空间中的分布范围,然后,在此分布范围内设定初始群体。

(2)先随机生成一定数目的个体,然后从中挑出最好的个体加到初始群体中。这种过程不断迭代,直到初始群体中个体数达到了预先确定的规模。

4. 运算过程

遗传算法的基本运算过程如下:

(1)初始化。设置进化代数计数器 $t=0$,设置最大进化代数 T,随机生成 M 个个体作为初始群体 $P(0)$。

(2)个体评价。计算群体 $P(t)$ 中各个个体的适应度。

(3)选择运算。将选择算子作用于群体。选择的目的是把优化的个体直接遗传到下一代或通过配对交叉产生新的个体再遗传到下一代。选择操作是建立在群体中个体的适应度评估基础上的。

(4)交叉运算。将交叉算子作用于群体。遗传算法中起核心作用的就是交叉算子。

(5)变异运算。将变异算子作用于群体,即对群体中的个体串的某些基因座上的基因值做变动。群体 $P(t)$ 经过选择、交叉、变异运算之后得到下一代群体 $P(t+1)$。

(6)终止条件判断。若 $t=T$,则以进化过程中所得到的具有最大适应度个体作为最优解输出,终止计算。

遗传操作包括以下3个基本遗传算子(genetic operator):选择(selection)、交叉(crossover)、变异(mutation)。

1)选择

从群体中选择优胜的个体,淘汰劣质个体的操作叫选择。选择算子有时又称为再生算子(reproduction operator)。选择的目的是把优化的个体(或解)直接遗传到下一代或通过配对交叉产生新的个体再遗传到下一代。选择操作是建立在群体中个体的适应度评估基础上的,常用的选择算子有以下几种:适应度比例方法、随机遍历抽样法、局部选择法。

2)交叉

在自然界生物进化过程中起核心作用的是生物遗传基因的重组(加上变异)。同样,遗传算法中起核心作用的是遗传操作的交叉算子。所谓交叉,是指把两个父代个体的部分结构加以替换重组而生成新个体的操作。通过交叉,遗传算法的搜索能力得以飞跃提高。

3)变异

变异算子的基本内容是对群体中个体串的某些基因座上的基因值做变动。依据个体编码表示方法的不同,可以有以下的算法:①实值变异;②二进制变异。

一般来说,变异算子操作的基本步骤如下:①对群中所有个体以事先设定的变异概率判断是否进行变异;②对进行变异的个体随机选择变异位进行变异。

遗传算法引入变异的目的有两个:一是使遗传算法具有局部的随机搜索能力。当遗传算法通过交叉算子已接近最优解邻域时,利用变异算子的这种局部随机搜索能力可以加速向最优解收敛。显然,此种情况下的变异概率应取较小值,否则接近最优解的积木块会因变异而遭到破坏。二是使遗传算法可维持群体多样性,以防止出现未成熟收敛现象。此时收敛概率应取较大值。

5. 终止条件

当最优个体的适应度达到给定的阈值,或者最优个体的适应度和群体适应度不再上升时,或者迭代次数达到预设的代数时,算法终止。预设的代数一般设置为100~500代。

5.5.4.2　特点

遗传算法是解决搜索问题的一种通用算法,对于各种通用问题都可以使用。搜索算法的共同特征为:

(1)首先组成一组候选解。

(2)依据某些适应性条件测算这些候选解的适应度。

(3)根据适应度保留某些候选解,放弃其他候选解。

(4)对保留的候选解进行某些操作,生成新的候选解。

在遗传算法中,上述几个特征以一种特殊的方式组合在一起:基于染色体群的并行搜索,带有猜测性质的选择操作、交换操作和突变操作。这种特殊的组合方式将遗传算法与其他搜索算法区别开来。

遗传算法还具有以下几方面的特点:

(1)算法从问题解的串集开始搜索,而不是从单个解开始。这是遗传算法与传统优化算法的极大区别。传统优化算法是从单个初始值迭代求最优解的;容易误入局部最优解。遗传算法从串集开始搜索,覆盖面大,利于全局择优。

(2)遗传算法同时处理群体中的多个个体,即对搜索空间中的多个解进行评估,减少了陷入局部最优解的风险,同时算法本身易于实现并行化。

(3)遗传算法基本上不用搜索空间的知识或其他辅助信息,而仅用适应度函数值来评估个体,在此基础上进行遗传操作。适应度函数不仅不受连续可微的约束,而且其定义域可以任意设定。这一特点使得遗传算法的应用范围大大扩展。

(4)遗传算法不是采用确定性规则,而是采用概率的变迁规则来指导搜索方向。

(5)具有自组织、自适应和自学习性。遗传算法利用进化过程获得的信息自行组织搜索时,适应度大的个体具有较高的生存概率,并获得更适应环境的基因结构。

(6)算法本身也可以采用动态自适应技术,在进化过程中自动调整算法控制参数和编码精度,比如使用模糊自适应法。

5.5.4.3 不足之处

遗传算法有以下不足之处:

(1)编码不规范及编码存在表示的不准确性。

(2)单一的遗传算法编码不能全面地将优化问题的约束表示出来。考虑约束的一个方法就是对不可行解采用阈值,这样计算的时间必然增加。

(3)遗传算法通常的效率比其他传统的优化方法低。

(4)遗传算法容易过早收敛。

(5)遗传算法对算法的精度、可行度、计算复杂性等方面,还没有有效的定量分析方法。

5.5.4.4 应用

由于遗传算法的整体搜索策略和优化搜索方法在计算时不依赖于梯度信息或其他辅助知识,而只需要影响搜索方向的目标函数和相应的适应度函数,所以遗传算法提供了一种求解复杂系统问题的通用框架,它不依赖于问题的具体领域,对问题的种类有很强的鲁棒性,所以广泛应用于许多学科,下面介绍遗传算法的一些主要应用领域。

1. 函数优化

函数优化是遗传算法的经典应用领域,也是遗传算法进行性能评价的常用算例,许多学者构造出了各种各样复杂形式的测试函数:连续函数和离散函数、凸函数和凹函数、低维函数和高维函数、单峰函数和多峰函数等。对于一些非线性、多模型、多目标的函数优化问题,用其他优化方法较难求解,而遗传算法可以方便地得到较好的结果。

2. 组合优化

随着问题规模的增大，组合优化问题的搜索空间也急剧增大，有时在计算上用枚举法很难求出最优解。对这类复杂的问题，人们已经意识到应把主要精力放在寻求满意解上，而遗传算法是寻求这种满意解的最佳工具之一。实践证明，遗传算法对于组合优化中的NP问题非常有效。例如遗传算法已经在求解旅行商问题、背包问题、装箱问题、图形划分问题等方面得到成功的应用。

此外，GA也在生产调度问题、自动控制、机器人学、图像处理、人工生命、遗传编码和机器学习等方面获得了广泛的运用。

电力调度问题是一个典型的NP-Hard问题，遗传算法作为一种经典的智能算法广泛用于车间调度中，很多学者都致力于用遗传算法解决车间调度问题，现今也取得了十分丰硕的成果。从最初的传统车间调度（JSP）问题到柔性作业车间调度问题（FJSP），遗传算法都有优异的表现，在很多算例中都得到了最优解或近优解。

第2篇

智慧物联网的传输

第6章　5G技术

5G作为一种新型移动通信网络,不仅要解决人与人的通信,为用户提供增强现实、虚拟现实、超高清(3D)视频等更加身临其境的极致业务体验,更要解决人与物、物与物的通信问题,满足移动医疗、车联网、智能家居、工业控制、环境监测等物联网应用需求。最终,5G将渗透到经济社会的各行业、各领域,成为支撑经济社会数字化、网络化、智能化转型的关键新型基础设施。

6.1　5G技术基础

6.1.1　概念

第五代移动通信技术,缩写为5G,5G指的是通信技术的版本号。可以提供更高的速率、更低的时延、更多的连接数、更快的移动速率、更高的安全性以及更灵活的业务部署能力。

6.1.2　5G移动通信主要特征

(1)数据传输速率远远高于以前的蜂窝网络,最高可达10 Gb/s,比当前的有线互联网要快,比先前的4G LTE蜂窝网络快100倍。

(2)更低的网络延迟,更短的响应时间,低于1 ms,而4G为30~70 ms。

(3)支持万物互联。超大网络容量,提供千亿设备的连接能力,满足物联网通信。

(4)频谱效率要比LTE提升10倍以上。

(5)连续广域覆盖和高移动性下,用户体验速率达到100 Mb/s。

(6)流量密度和连接数密度大幅度提高。

(7)系统协同化,智能化水平提升,表现为多用户、多点、多天线、多摄取的协同组网,以及网络间灵活地自动调整。

6.1.3　5G关键性能指标

6.1.3.1　用户体验速率

单位为bit/s。真实网络环境下用户可获得的最低传输速率。

6.1.3.2　连接数密度

单位为/km^2。单位面积内可以支持的在线设备总和,是衡量5G移动网络对海量规模终端设备支持能力的重要指标,一般不低于十万/km^2。

6.1.3.3 端到端时延

单位为 ms。将数据包从源节点开始传输到被目的节点正确接收的时间。

6.1.3.4 流量密度

单位为 bit/(s · km^2)。单位面积内的总流量数,是衡量移动网络在一定区域范围内数据的传输能力。

6.1.3.5 移动性

单位为 km/h。在满足一定系统性能的前提下,通信双方的最大相对移动速度。

6.1.3.6 用户峰值速率

单位为 bit/s。用户可以获得的最大业务速率,相比 4G 网络,5G 移动通信系统将进一步提升峰值速率,可以达到数十 Gb/s。

6.2 5G 架构体系

5G 架构体系分为基站系统、网络架构、应用场景和终端设备 4 个部分。

(1)基站系统:基站是提供无线覆盖和信号收发的核心环节,包括基站主设备和室外天馈系统,其中基站主设备为 BBU(基带单元),室外天馈系统包括天线、RRU(远端射频单元)等。由于 5G 高网络容量和全频谱接入需求,天线射频模块集成、大规模天线技术(Massive MIMO)、小微基站和室内分布是基站系统演进的主要方向。

(2)网络架构: 5G 网络架构包括基础设施、管道能力、增值服务、数据信息等不同的能力集,实现网络功能虚拟化、资源集中化、服务自动化、管理操作云平台化。包括通信网络设备(SDN/NFV 解决方案)、光纤光缆、光模块、网络规划运维等环节,其中最核心环节为通信网络设备及 SDN/NFV 解决方案。

(3)应用场景:有效满足工业、医疗、交通等垂直行业的多样化业务需求,形成智慧城市、远程医疗、工业自动化、自动驾驶等垂直领域的典型应用,实现万物互联。

(4)终端设备:5G 的终端设备包括手机、电脑、家电、汽车、穿戴设备、工业设备等。

6.3 关键技术

6.3.1 同时同频全双工技术

所谓同时同频全双工技术,顾名思义就是指在同一个信道上,在发送信号的同时也接收信号,实现两个方向的同时操作。简单来说,就是指将以往通信双工节点中存在的干扰屏蔽,然后在利用信号机发射信号的同时接收信号,通过同时的操作来提高频谱效率,此技术和传统技术相比较,更加的先进,而且工作效率也更高。

6.3.2 密集网络技术

5G移动通信所能提供的流量是4G移动通信的千倍以上,而实现此目标主要依靠的就是密集网络技术,此技术包含以下两方面内容:①在宏基站的外部设置很多的天线,这样就可以进一步地拓宽室外空间;②需要在室外布置很多的密集网络。这些密集网络所能产生的信噪比增益将会更加的客观,同时此方面也是密集网络充分发挥其作用的核心,密集网络技术的应用可以增加5G移动通信的优势,提高其灵活性,增加其覆盖面积。

6.3.3 多天线传输技术

所谓多天线传输技术,就是指在使用有源天线来进行列阵,然后与毫米波联系起来,之后就可以有效提高天线的覆盖面积及性能,就目前的情况来看,只要提高其覆盖能力,就可达到节约能源的目标。

6.3.4 新型网络架构技术

在人们对于网络要求不断改变的过程中,5G移动通信中的新型网络架构技术就是因为未来可能产生的业务需要所出现的技术,此技术在应用中具有低时延、低成本等多项优点。在此技术中,云架构是主要的入网架构,相关人员将对云架构进行研究。

6.3.5 智能化技术

在5G移动通信网络中,云计算是其中不可缺少的网络之一,此网络中包含的大型服务器是其主要构成,而此构成和基站进行连接采用的方式是交换机网络。另外,在宏基站众多特点中,云计算存储功能是十分突出的一个特点,利用此功能可以存储很多的大数据,并且对这些数据进行及时处理,而且因为基站的规模比较大,数量十分可观,所以将频段进行划分,然后开展不同的业务。

6.3.6 设备间直接通信技术

在传统的移动通信中,采用的是以小区为单位进行网络覆盖的方式,此方式在应用过程中不是十分灵活,而且在大流量趋势快速发展的情况下,此种传统的网络模式也已经逐渐地被淘汰,采用设备间直接通信技术是非常有必要的。设备间直接通信技术就是指各通信设备之间可以进行直接的通信,不需要有中间载体,这样新型的通信技术有效提高了通信效率,并保证了通信质量,而且消耗的能源也比较少。

6.4 5G建设

5G建设首先是核心网的建设,由于5G虚拟化技术的引入,核心网与以往的网络不同,需要根据5G的新特性建立核心网相关的机房。其次是基站的建设,随着5G速率的增长、时延的降低等特点的产生,基站配套的电源、传输、机房空间、天面都需要根据基站

的变化而评估。

6.4.1 5G 组网架构

5G C-RAN 组网架构指的是 5G BBU 全部集中到综合接入机房,基站侧只剩下 5G AAU。与传统 4G C-RAN 无线网络相比,5G C-RAN 网络依然具有集中化、协作化、无线云化和绿色节能 4 个特征,综合考虑建设运营成本和远期无线网络演进,建议 5G 网络建设采用 C-RAN 组网架构。5G C-RAN 组网架构和分布式部署组网架构对比如图 6-1 所示。

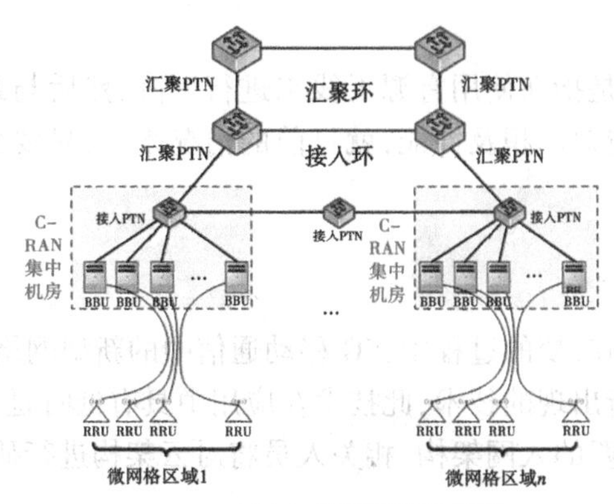

(a)集中式部署网络构架

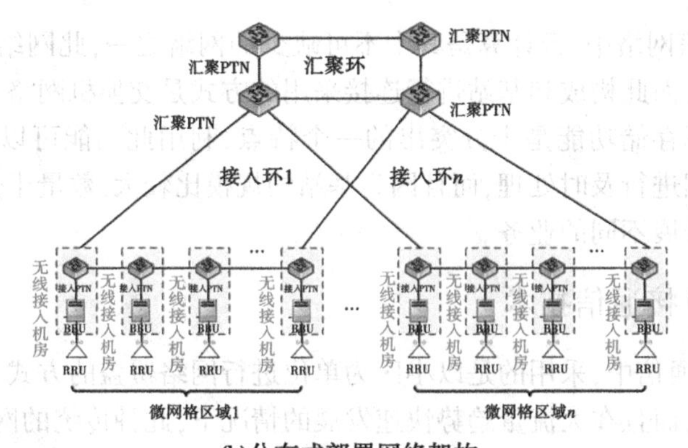

(b)分布式部署网络架构

图 6-1　5G 组网架构对比

6.4.2 BBU 建设方案

通过 4G/5G 共 BBU 部署,可减少 BBU 重复投资,降低运营成本。以某厂家设备为例,BBU 部署有两种方案,如图 6-2 所示。

方案一:新建模式,后向兼容,新建新型号 BBU 可同时兼容 2G/4G。如需开通 2G/4G,可插入相应 2G/4G 主控板和基带板。

方案二:利旧模式,前向兼容,利旧存量旧型号 BBU 可同时兼容 5G。如需开通 5G

NR,直接插入 NR 主控板和基带板即可。

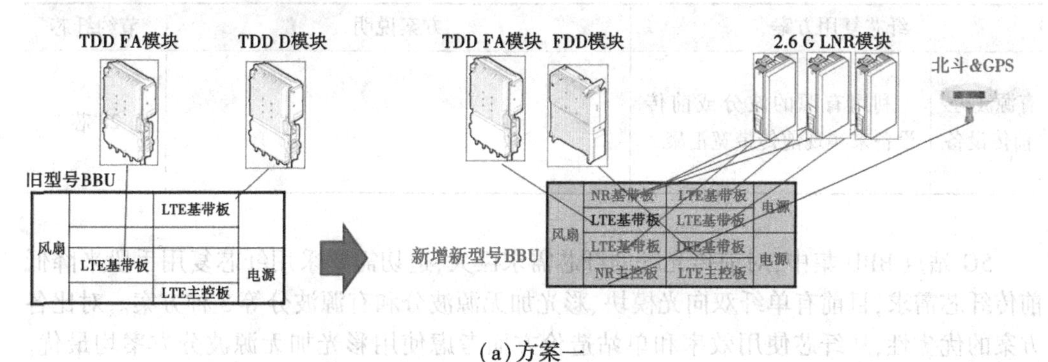

(a)方案一

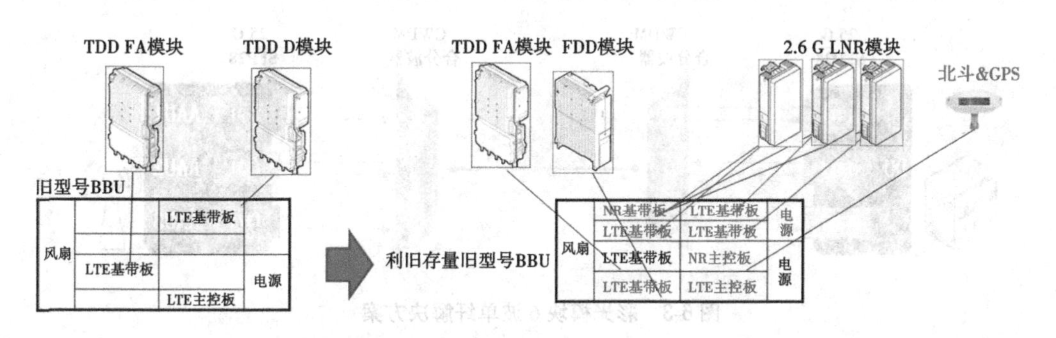

(b)方案二

图 6-2　5G BBU 两种模式建设方案

6.4.3　前传技术方案

前传指的是 5G AAU 和 BBU 间的信息传输。5G AAU 前传方案有光纤直连前传、彩光模块前传和有源波分/前传 3 种,3 种前传方案技术对比如表 6-1 所示。

表 6-1　5G 前传方案技术对比

纤芯复用方案		方案说明	节约纤芯
单纤双向光模块	前传光口采用单纤双向光模块	可节省 50%的所需纤芯;10 G 单纤双向光模块技术成熟,但 25 G 的单纤双向光模块还不太成熟	12 芯
彩光加无源波分	前传光口采用彩光光模块,以无源波分来实现 6∶1 的纤芯复用	可以实现较大的纤芯复用能力; 彩光模块是固定波长的,光模块类型多,波长管理难度较大,最好能一次部署到位; 彩光模块需替换原 BBU 和 RRU 间的前传光模块,需无线专业进行维护和管理	30 芯

续表 6-1

纤芯复用方案		方案说明	节约纤芯
有源波分/前传设备	利用有源的波分或前传设备来实现前传带宽汇聚	—	28 芯

5G 站点 BBU 集中,对前传光纤的纤芯需求巨大,迫切需要采用纤芯复用手段来降低前传纤芯需求,目前有单纤双向光模块、彩光加无源波分和有源波分等 3 种方案。对比各方案的优劣性,从纤芯使用效率和单站造价方面考虑使用彩光加无源波分方案均最优。如图 6-3 所示,6 波单纤彩光模块解决方案,可将原 6 芯前传纤芯大幅减少到 1 芯。

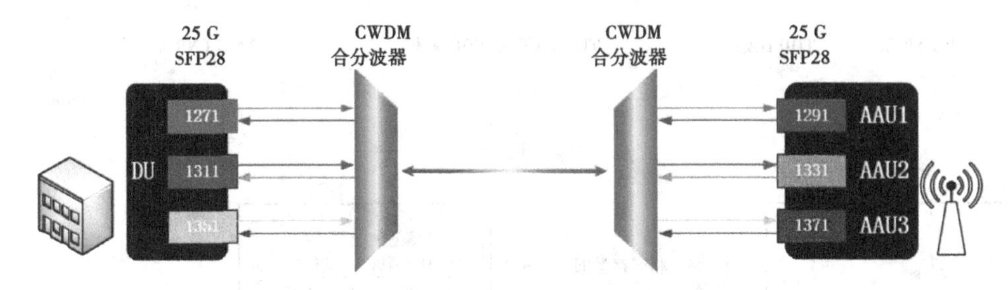

图 6-3　彩光模块 6 波单纤解决方案

6.4.4　5G 配套改造方案

要满足 5G 建设要求,需要对天面和供电进行相应配套改造,下面分两个部分介绍 5G 配套改造方案。

6.4.4.1　天面配套改造方案

由于增加抱杆时铁塔租金增加较大,为降低基站运营成本,5G 基站建设以天面不新增抱杆为原则。考虑 5G AAU 的尺寸和重量,建议 5G AAU 采用独立抱杆安装。根据实际 2.6 GHz 频段 5G 建网的不同场景,5G 天面配套改造方案如下所述。

1. 有 D 频独立天面

如图 6-4 所示,若 4G 网络有窄带 8T8R D 频段或 3D-MIMO 独立天线,且 5G 与 4G 共厂家,在天面承重满足要求的情况下,优先将窄带 8T8R D 频段或 3D-MIMO 独立天线替换为 4G/5G 共模 AAU,4G/5G 共模 AAU 支持同时开通 5G 和容量更大的 4G 3D-MIMO。

2. 无抱杆新增空间,但同一扇区方向有多副天线

如图 6-5 所示,若 4G 网络不存在窄带 8T8R D 频段或 3D-MIMO 独立天线,但存在 2 副及以上天线的情况,则可利用集中度更大的 4/4/8/8 天线整合现有天线,改造后的冗余抱杆安装 5G AAU。

3. 美化外罩场景

美化外罩场景 5G 配套改造一般需要整改美化外罩或者新增美化外罩。美化外罩场景占比较大,老式美化外罩一般无散热设计。由于 5G AAU 为有源设备,需要对原美化外

图6-4　有D频独立天面改造方案

图6-5　无抱杆新增空间，但同一扇区方向有多副天线改造方案

罩进行散热改造，否则容易造成AAU设备高温告警。5G美化外罩场景改造方案如图6-6所示，美化罩高度建议不小于2 000 mm，背部和右侧（维护腔侧）开维护门，维护门宽度建议不小于500 mm；四周的底部和顶部开散热窗，开窗尺寸建议不小于500 mm×200 mm；支持机械下倾角可调角度不大于10°；抱杆要求左右位置可调，抱杆中心距离美化罩背部的距离建议200 mm。若没有散热窗，则必须有底进风口，后维护门顶高度要大于AAU顶部200 mm以上。美化罩材质建议采用玻璃钢，禁止采用金属材质或金属支撑架。

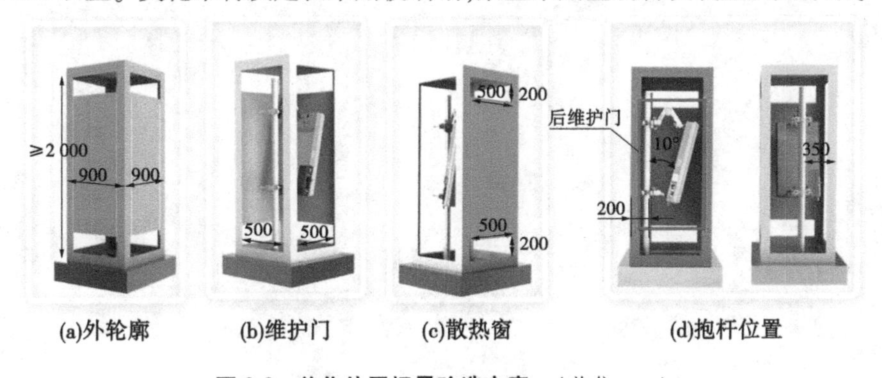

图6-6　美化外罩场景改造方案　（单位：mm）

4. 有空余抱杆或新增抱杆空间

对于不属于以上场景，不能通过整合改造腾出5G抱杆位。如果天面有空余抱杆或新增抱杆空间，则可利用空余抱杆或新增抱杆安装5G AAU。

6.4.4.2 供电改造方案

1. 市电改造方案

以某厂家设备为例，3个5G AAU最大额定功耗达到3.9 kW，实测满负荷时3个5G AAU功耗约为3.3 kW，通过式(6-1)可计算出增加5G设备后的市电容量需求。市电容量是影响5G基站开通的重要因素，必须提前做好市电需求摸查和核算，及时开展市电容量扩容，为5G基站顺利开通准备条件。由于2.6 GHz频段5G基站开通后，已同时共模开通5G和4G D频3D-MIMO，原来的普通窄带8T8R D频RRU将停闭拆除。为此，核算市电容量需求时注意要核减替换掉的普通窄带8T8R D频RRU的用电容量。

$$市电引入容量=(P_{通信设备}+P_{充电设备})/\eta+P_{空调}+P_{照明}+P_{其他} \tag{6-1}$$

式中：η为整流模块转换效率，当整流模块为普效模块时，η取0.85，当整流模块为高效模块时，η取0.95。

2. 直流配电改造方案

如室内电源柜有足够PSU扩容槽位，可直接通过PSU扩容来改造直流配电，每增加1个PSU可带来3 000 W容量。

如室内电源柜没有足够PSU扩容槽位，或者空开/熔丝无安装空间，可用室内外刀片式交转直模块进行直流电源改造。

第7章　北斗卫星技术

北斗卫星导航系统(简称北斗系统)是中国着眼于国家安全和经济社会发展需要,自主建设、独立运行的卫星导航系统,是为全球用户提供全天候、全天时、高精度的定位、导航和授时服务的国家重要空间基础设施。

随着北斗系统建设和服务能力的发展,相关产品已广泛应用于交通运输、海洋渔业、水文监测、气象预报、测绘地理信息、森林防火、通信系统、电力调度、救灾减灾、应急搜救等领域,逐步渗透到人类社会生产和人们生活的方方面面,为全球经济和社会发展注入新的活力。

7.1　北斗系统的基本组成

7.1.1　北斗系统的组成

北斗系统由空间段、地面段和用户段3部分组成。

(1)空间段由若干地球静止轨道卫星、倾斜地球同步轨道卫星和中圆地球轨道卫星组成。

(2)地面段包括主控站、时间同步/注入站和监测站等若干地面站,以及星间链路运行管理设施。

(3)用户段包括北斗及兼容其他卫星导航系统的芯片、模块、天线等基础产品,以及终端设备、应用系统与应用服务等。

7.1.2　增强系统的组成

北斗系统增强系统包括地基增强系统与星基增强系统。

(1)北斗地基增强系统是北斗系统的重要组成部分,按照“统一规划、统一标准、共建共享”的原则,整合国内地基增强资源,建立以北斗为主、兼容其他卫星导航系统的高精度卫星导航服务体系。利用北斗/GNSS高精度接收机,通过地面基准站网,利用卫星、移动通信、数字广播等播发手段,在服务区域内提供1~2 m、分米级和厘米级实时高精度导航定位服务。系统建设分两个阶段实施:一期为2014年至2016年底,主要完成框架网基准站、区域加强密度网基准站、国家数据综合处理系统,以及国土资源、交通运输、中科院、地震、气象、测绘地理信息等6个行业数据处理中心等建设任务,建成基本系统,在全国范围提供基本服务;二期为2017年至2018年底,主要完成区域加强密度网基准站补充建设,进一步提升系统服务性能和运行连续性、稳定性、可靠性,具备全面服务能力。

(2)北斗星基增强系统是北斗系统的重要组成部分,通过地球静止轨道卫星搭载卫星导航增强信号转发器,可以向用户播发星历误差、卫星钟差、电离层延迟等多种修正信息,实现对于原有卫星导航系统定位精度的改进。按照国际民航标准,开展北斗星基增强系统设计、试验与建设。已完成系统实施方案论证,固化了系统在下一代双频多星座(DFMC)SBAS 标准中的技术状态,进一步巩固了 BDSBAS 作为星基增强服务供应商的地位。

7.2 北斗系统的建设

中国高度重视北斗系统建设发展,自 20 世纪 80 年代开始探索适合国情的卫星导航系统发展道路,形成了“三步走”发展战略:2000 年底,建成北斗一号系统,向中国提供服务;2012 年底,建成北斗二号系统,向亚太地区提供服务;2020 年,建成北斗三号系统,向全球提供服务。

第一步,建设北斗一号系统。1994 年,启动北斗一号系统工程建设;2000 年,发射 2 颗地球静止轨道卫星,建成系统并投入使用,采用有源定位体制,为中国用户提供定位、授时、广域差分和短报文通信服务;2003 年,发射第 3 颗地球静止轨道卫星,进一步增强系统性能。

第二步,建设北斗二号系统。2004 年,启动北斗二号系统工程建设;2012 年底,完成 14 颗卫星(5 颗地球静止轨道卫星、5 颗倾斜地球同步轨道卫星和 4 颗中圆地球轨道卫星)发射组网。北斗二号系统在兼容北斗一号系统技术体制基础上,增加无源定位体制,为亚太地区用户提供定位、测速、授时和短报文通信服务。

第三步,建设北斗三号系统。2009 年,启动北斗三号系统建设;2018 年底,完成 19 颗卫星发射组网,完成基本系统建设,向全球提供服务;2020 年底,完成 30 颗卫星发射组网,全面建成北斗三号系统。北斗三号系统继承北斗有源服务和无源服务两种技术体制,能够为全球用户提供基本导航(定位、测速、授时)、全球短报文通信、国际搜救服务,中国及周边地区用户还可享有区域短报文通信、星基增强、精密单点定位等服务。

截至 2022 年 12 月,北斗卫星导航系统在轨卫星已达 55 颗。从 2017 年底开始,北斗三号系统建设进入了超高密度发射。北斗系统正式向全球提供 RNSS 服务,在轨卫星共 39 颗。

2020 年 6 月 16 日,北斗三号最后一颗全球组网卫星发射任务因故推迟。

2020 年 6 月 23 日,北斗三号最后一颗全球组网卫星在西昌卫星发射中心点火升空。6 月 23 日 9 时 43 分,我国在西昌卫星发射中心用长征三号乙运载火箭,成功发射北斗系统第五十五颗导航卫星,暨北斗三号最后一颗全球组网卫星,至此北斗三号全球卫星导航系统星座部署比原计划提前半年全面完成。

2020 年 7 月 31 日上午 10 时 30 分,北斗三号全球卫星导航系统建成暨开通仪式在人民大会堂举行,中共中央总书记、国家主席、中央军委主席习近平宣布北斗三号全球卫星导航系统正式开通。

2035年,我国将建设完善更加泛在、更加融合、更加智能的综合时空体系,进一步提升时空信息服务能力,为人类走得更深更远做出贡献。

7.3　北斗系统的特点

北斗系统的建设实践,实现了在区域快速形成服务能力、逐步扩展为全球服务的发展路径,丰富了世界卫星导航事业的发展模式。

北斗系统具有以下特点:

(1)北斗系统空间段采用三种轨道卫星组成的混合星座,与其他卫星导航系统相比高轨卫星更多,抗遮挡能力强,尤其低纬度地区性能特点更为明显。

(2)北斗系统提供多个频点的导航信号,能够通过多频信号组合使用等方式提高服务精度。

(3)北斗系统创新融合了导航与通信能力,具有实时导航、快速定位、精确授时、位置报告和短报文通信服务五大功能。

7.3.1　北斗系统运行方面

(1)健全稳定运行责任体系。完善北斗系统空间段、地面段、用户段多方联动的常态化机制,完善卫星自主健康管理和故障处置能力,不断提高大型星座系统的运行管理保障能力,推动系统稳定运行工作向智能化发展。

(2)实现系统服务平稳接续。北斗三号系统向前兼容北斗二号系统,能够向用户提供连续、稳定、可靠服务。

(3)创新风险防控管理措施。采用卫星在轨、地面备份策略,避免和降低卫星突发在轨故障对系统服务性能的影响;采用地面设施的冗余设计,着力消除薄弱环节,增强系统可靠性。

(4)保持高精度时空基准,推动与其他卫星导航系统时间坐标框架的互操作。北斗系统时间基准(北斗时),溯源于协调世界时,采用国际单位制(SI)秒为基本单位连续累计,不闰秒,起始历元为2006年1月1日协调世界时(UTC)00时00分00秒。北斗时通过中国科学院国家授时中心保持的UTC,即UTC(NTSC)与国际UTC建立联系,与UTC的偏差保持在50 ns以内(模1秒),北斗时与UTC之间的跳秒信息在导航电文中发播。北斗系统采用北斗坐标系(BDCS),坐标系定义符合国际地球自转服务组织(IERS)规范,采用2000中国大地坐标系(CGCS2000)的参考椭球参数,对准于最新的国际地球参考框架(ITRF),每年更新一次。

(5)建设全球连续监测评估系统。统筹国内外资源,建成监测评估站网和各类中心,实时监测评估包括北斗系统在内的各大卫星导航系统星座状态、信号精度、信号质量和系统服务性能等,向用户提供原始数据、基础产品和监测评估信息服务,为用户应用提供参考。

7.3.2 服务性能

截至 2018 年 12 月,北斗系统可提供全球服务,在轨工作卫星共 33 颗,包含 15 颗北斗二号卫星和 18 颗北斗三号卫星,具体为 5 颗地球静止轨道卫星、7 颗倾斜地球同步轨道卫星和 21 颗中圆地球轨道卫星。

北斗系统 2018 年基本导航服务性能指标见表 7-1。

表 7-1 北斗系统 2018 年基本导航服务性能指标

服务区域	全球
定位精度	水平 10 m、高程 10 m(95%)
测速精度	0.2 m/s(95%)
授时精度	20 ns(95%)
服务可用性	优于 95%,在亚太地区,定位精度水平 5 m、高程 5 m(95%)

7.3.3 发展

未来,北斗系统将持续提升服务性能,扩展服务功能,增强连续稳定运行能力。2020 年年底前,北斗二号系统发射 1 颗地球静止轨道备份卫星,北斗三号系统发射 6 颗中圆地球轨道卫星、3 颗倾斜地球同步轨道卫星和 2 颗地球静止轨道卫星,进一步提升了全球基本导航和区域短报文通信服务能力,并实现了全球短报文通信、星基增强、国际搜救、精密单点定位等服务能力。

(1)基本导航服务。为全球用户提供服务,空间信号精度将优于 0.5 m;全球定位精度将优于 10 m,测速精度优于 0.2 m/s,授时精度优于 20 ns;亚太地区定位精度将优于 5 m,测速精度优于 0.1 m/s,授时精度优于 10 ns,整体性能大幅提升。

(2)短报文通信服务。中国及周边地区短报文通信服务,服务容量提高 10 倍,用户机发射功率降低到原来的 1/10,单次通信能力 1 000 汉字(14 000 bit);全球短报文通信服务,单次通信能力 40 汉字(560 bit)。

(3)星基增强服务。按照国际民航组织标准,服务中国及周边地区用户,支持单频及双频多星座两种增强服务模式,满足国际民航组织相关性能要求。

(4)国际搜救服务。按照国际海事组织及国际搜索和救援卫星系统标准,服务全球用户。与其他卫星导航系统共同组成全球中轨搜救系统,同时提供返向链路,极大提升搜救效率和能力。

(5)精密单点定位服务。服务中国及周边地区用户,具备动态分米级、静态厘米级的精密定位服务能力。

2020 年北斗系统提供的服务类型见表 7-2。

表 7-2　2020 年北斗系统提供的服务类型

服务类型		信号频点	卫星
基本导航服务	公开	B1I,B3I,B1C,B2a	3IGSO+24MEO
		B1I,B3I	3GEO
	授权	B1A,B3Q,B3A	
短报文通信服务	区域	L(上行),S(下行)	3GEO
	全球	L(上行)	14MEO
		B2b(下行)	3IGSO+24MEO
星基增强服务(区域)		BDSBAS-B1C,BDSBAS-B2a	3GEO
国际搜救服务		UHF(上行)	6MEO
		B2b(下行)	3IGSO+24MEO
精密单点定位服务(区域)		B2b	3GEO

注:GEO—地球静止轨道,IGSO—倾斜地球同步轨道,MEO—中圆地球轨道。

2000~2020 年北斗卫星发射情况见表 7-3。

表 7-3　北斗卫星发射列表

发射时间	火箭	卫星编号	卫星类型	发射地点
2000 年 10 月 31 日	长征三号甲	北斗-1A	北斗一号	西昌
2000 年 12 月 21 日	长征三号甲	北斗-1B		
2003 年 05 月 25 日	长征三号甲	北斗-1C		
2007 年 02 月 03 日	长征三号甲	北斗-1D		
2007 年 04 月 14 日 04 时 11 分	长征三号甲	第一颗北斗导航卫星(M1)	北斗二号	
2009 年 04 月 15 日	长征三号丙	第二颗北斗导航卫星(G2)		
2010 年 01 月 17 日		第三颗北斗导航卫星(G1)		
2010 年 06 月 02 日		第四颗北斗导航卫星(G3)		
2010 年 08 月 01 日 05 时 30 分	长征三号甲	第五颗北斗导航卫星(I1)		
2010 年 11 月 01 日 00 时 26 分	长征三号丙	第六颗北斗导航卫星(G4)		
2010 年 12 月 18 日 04 时 20 分	长征三号甲	第七颗北斗导航卫星(I2)		
2011 年 04 月 10 日 04 时 47 分		第八颗北斗导航卫星(I3)		
2011 年 07 月 27 日 05 时 44 分		第九颗北斗导航卫星(I4)		
2011 年 12 月 02 日 05 时 07 分		第十颗北斗导航卫星(I5)		

续表 7-3

发射时间	火箭	卫星编号	卫星类型	发射地点
2012 年 02 月 25 日 00 时 12 分	长征三号丙	第十一颗北斗导航卫星	北斗二号	西昌
2012 年 04 月 30 日 04 时 50 分	长征三号乙	第十二、十三颗北斗导航系统组网卫星		
2012 年 09 月 19 日 03 时 10 分	长征三号乙	第十四、十五颗北斗导航系统组网卫星		
2012 年 10 月 25 日 23 时 33 分	长征三号丙	第十六颗北斗导航卫星		
2016 年 03 月 30 日 04 时 11 分	长征三号甲	第二十二颗北斗导航卫星(备份星)		
2016 年 06 月 12 日 23 时 30 分	长征三号丙	第二十三颗北斗导航卫星(备份星)		
2018 年 07 月 10 日 04 时 58 分	长征三号甲	第三十二颗北斗导航卫星(备份星)		
2019 年 05 月 17 日 23 时 48 分	长征三号丙	第四十五颗北斗导航卫星(备份星)		
2015 年 03 月 30 日 21 时 52 分	长征三号丙	第十七颗北斗导航卫星	北斗三号试验系统	
2015 年 07 月 25 日 20 时 29 分	长征三号乙	第十八、十九颗北斗导航卫星		
2015 年 09 月 30 日 07 时 13 分	长征三号乙	第二十颗北斗导航卫星		
2016 年 02 月 01 日 15 时 29 分	长征三号丙	第二十一颗北斗导航卫星		
2017 年 11 月 05 日 19 时 45 分	长征三号乙	第二十四、二十五颗北斗导航卫星	北斗三号	
2018 年 01 月 12 日 07 时 18 分	长征三号乙	第二十六、二十七颗北斗导航卫星		
2018 年 02 月 12 日 12 时 03 分	长征三号乙	第二十八、二十九颗北斗导航卫星		
2018 年 03 月 30 日 01 时 56 分	长征三号乙	第三十、三十一颗北斗导航卫星		
2018 年 07 月 29 日 09 时 48 分	长征三号乙	第三十三、三十四颗北斗导航卫星		
2018 年 08 月 25 日 07 时 52 分	长征三号乙	第三十五、三十六颗北斗导航卫星		
2018 年 09 月 19 日 22 时 07 分	长征三号乙	第三十七、三十八颗北斗导航卫星		
2018 年 10 月 15 日 12 时 23 分	长征三号乙	第三十九、四十颗北斗导航卫星		
2018 年 11 月 01 日 23 时 57 分	长征三号乙	第四十一颗北斗导航卫星		
2018 年 11 月 19 日 02 时 07 分	长征三号乙	第四十二、四十三颗北斗导航卫星		
2019 年 04 月 20 日 22 时 41 分	长征三号乙	第四十四颗北斗导航卫星		
2019 年 06 月 25 日 02 时 09 分	长征三号乙	第四十六颗北斗导航卫星		
2019 年 09 月 23 日 05 时 10 分	长征三号乙	第四十七、四十八颗北斗导航卫星		
2019 年 11 月 05 日 01 时 43 分	长征三号乙	第四十九颗北斗导航卫星		
2019 年 11 月 23 日 08 时 55 分	长征三号乙	第五十、五十一颗北斗导航卫星		
2019 年 12 月 16 日 15 时 22 分	长征三号乙	第五十二、五十三颗北斗导航卫星		
2020 年 03 月 09 日 19 时 55 分	长征三号乙	第五十四颗北斗导航卫星		
2020 年 06 月 23 日 09 时 43 分	长征三号乙	第五十五颗北斗导航卫星		

7.4　北斗卫星导航定位基本原理

7.4.1　利用到达时间测距的原理

利用到达时间测距定位需要测量信号从位置已知的辐射源发出至到达用户所经历的时间，将信号传播时间乘以信号的传播速度，便得到从辐射源到接收机的距离。接收机通过测量从多个位置已知的辐射源所广播信号的传播时间，便能确定自己的位置。

双星定位导航系统是一种全天候、高精度、区域性的卫星导航定位系统，可实现快速导航定位、双向简短报文通信和定时授时 3 大功能，其中后两项功能是全球定位系统(GPS)所不能提供的，且其定位精度在我国地区与 GPS 定位精度相当。整个定位系统由两颗地球同步卫星(分别定点于东经 80°和东经 140° 36 000 km 赤道上空)、中心控制系统、标校系统和用户机 4 大部分组成，各部分间由出站链路(地面中心至卫星至用户链路)和入站链路(用户机至卫星中心站链路)相连接。中心站以特定的频率发射 *H* 颗地球同步卫星分别向各自天线波束覆盖区域内的所有用户广播。当用户需要进行定位/通信服务时，相对于接收信号(出站信号)某一帧，提出申请服务项目并发送入站信号，经两颗卫星转发到地面中心，地面中心接到此信号后，解调出用户发送的信息，测量出用户至两颗卫星的距离，对定位申请计算用户的地理坐标，由于 *H* 颗卫星的位置是已知的，分别为两球的球心，另一球面是基本参数已确定的地球参考椭球面 3 球交会点为测量的用户位置。

7.4.2　卫星导航定位的基本要素

7.4.2.1　导航卫星

导航卫星是用户定位的时间和空间基准。主要任务如下：

(1)接收和存储由地面注入站发来的导航信号。

(2)接收并执行主控站的控制指令。

(3)进行必要的数据处理。

(4)通过星载高精度原子钟产生基准信号和提供精确的时间标准。

(5)向用户连续不断地发送导航定位信息。

7.4.2.2　导航信号

北斗导航信号是一种调制波。它不仅采用高频率波段的载波，而且采用扩频技术传送卫星导航电文。

7.4.2.3　导航电文

导航电文即数据码。包含本卫星基本导航信息、全部卫星星历信息及其他系统时间同步信息。

7.4.2.4　距离测量

测量卫星和接收机之间的距离。

7.5 北斗的坐标系统和时间系统

北斗导航服务的核心内容就是为使用者提供空间信息和时间信息,即使用者在某个时刻所在位置、速度或经度、纬度、高度等信息。某个时刻是相对于一个特定的时间参考系来讲的。所在的位置、速度或经度、纬度、高度等信息是对一个特定的坐标系而言的。因此,坐标系统和时间系统对北斗导航系统是不可或缺的。坐标系统的选择和时间系统的选择严重影响导航的精度和可用性。

7.5.1 北斗的坐标系统

坐标是指能确定平面上或空间中一点位置的有次序的一个或一组数。

7.5.1.1 地球坐标系统

地球坐标系统固定在地球上,相对地球不存在运动。地球坐标系统也称地固坐标系。地球上固定的点在地球坐标系统的坐标值是固定的。

大地水准面,是一个与处于流体静平衡状态的海洋面重合并延伸到大陆内部的水准面的地球表面模型。大地水准面的形状和大小是最接近于地球真实形状和大小的,而且其上的重力处处相等并与其上的重力方向处处正交。

地球椭球又称"地球椭圆体"。代表地球大小和形状的数学曲面。为了建立地球坐标系,测绘上选择一个形状和大小与大地水准面最为接近的旋转椭球代替大地水准面。在理论上把这个椭球体规定为与地球最为密合的球体,在实践上先用重力技术推算出大地水准面,然后用数学上的最佳拟合方法,求出与大地水准面最密合的一个旋转椭球体,由此确定它的形状和大小,即椭球的扁率和长半轴(或短半轴)。拟合原则是让大地水准面和椭球面相应点之间的差距(大地水准面差距)平方和为最小。

地心坐标系(geocentric coordinate system),是以地球质心为原点建立的空间直角坐标系,或以球心与地球质心重合的地球椭球面为基准面所建立的大地坐标系。以地球质心(总椭球的几何中心)为原点的大地坐标系,通常分为地心空间直角坐标系(以 X,Y,Z 为其坐标元素)和地心大地坐标系(以 B,L,H 为其坐标元素)。

地心空间直角坐标系,是在大地体内建立的 $O-XYZ$ 坐标系。原点 O 设在大地体的质量中心,用相互垂直的 X,Y,Z 三个轴来表示,X 轴与首子午面和赤道面的交线重合,向东为正;Z 轴与地球旋转轴重合,向北为正;Y 轴与 XZ 平面垂直构成右手系。

地心大地坐标系,为地球椭球的中心与地球质心(质量中心)重合、椭球的短轴与地球自转轴重合而建立的坐标系。地心大地经度 L,是过地面点的椭球子午面与格林尼治天文台子午面的夹角;地心大地纬度 B,是过点的椭球法线(与参考椭球面正交的直线)和椭球赤道面的夹角;大地高 H,是地面点沿椭球法线到地球椭球面的距离。

地心地固坐标系(earth-centered,earth-fixed,ECEF),是一种以地心为原点的地固坐标系(也称地球坐标系),是一种笛卡儿坐标系。原点 O (0,0,0)为地球质心,Z 轴与地轴平行指向北极点,X 轴指向本初子午线与赤道的交点,Y 轴垂直于 XOZ 平面(东经 90°与赤道的交点）构成右手坐标系。

地心地固直角坐标系，原点 O 与地球质心重合，Z 轴指向地球北极，X 轴指向格林尼治平均子午面与赤道的交点，Y 轴垂直于 XOZ 平面构成右手坐标系。

地心地固大地坐标系，是地球椭球的中心与地球质心重合，椭球面与大地水准面在全球范围内最佳符合，椭球短轴与地球自转轴重合（过地球质心并指向北极），大地纬度，大地经度，大地高。

地球北极是地心地固坐标系的基准指向点，地球北极的变动将引起坐标轴方向的变化。

地极移动，简称极移。地球自转轴相对于地球本体的位置是变化的。

协议地球坐标系，原点位于地球质心，采用协议地极方向 CTP（conventional terrestrial pole）作为 Z 轴指向，X 轴指向协议地球赤道面和包含 CIO（国际协议原点，Conventional International Origin）与平均天文台赤道参考点的子午面的交点，Y 轴构成右手坐标系取向的地球坐标系。以协议地极和国际时间局（BIH）经度零点来定义的地心地固坐标系通常都是协议地球坐标系。

卫星导航系统的参考坐标系一般采用协议地球坐标系。北斗卫星导航系统采用 CGCS2000 坐标系统，即国家大地坐标系统。

北斗系统采用北斗坐标系（BDCS）。BDCS 是一个地心、地固的地球参考系统。BDCS 的定义符合国际地球自转服务组织（IERS）规范，BDCS 的实现将会与最新的国际地球参考框架（ITRF）对齐。最新版本采用 100 多个全球分布的地面站作为参考框架点计算得到。

1. 框架定义

（1）原点：位于地球质心。

（2）坐标轴：①z 轴指向 IERS 定义的参考极（IRP）方向；②x 轴为 IERS 参考子午面（IRM）与通过原点且同 z 轴正交的赤道面的交线；③y 轴与 z、x 轴构成右手直角坐标系。

（3）尺度：长度单位是国际单位制米（SI）。

（4）定向：在 1984.0 时初始定向与国际时间局（BIH）的定向一致。

（5）定向时间演变：定向随时间的演变使得整个地球的水平构造运动无整体旋转。

（6）坐标系统：笛卡儿坐标。

2. 参数定义

BDCS 定义了 4 个参考椭球的常数，包括 BDCS 参考椭球的长半轴、地球扁率、地球引力常数和地球自转角速度。长半轴 $a=6\ 378\ 137.0$ m，地心引力常数（包含大气层），$\mu=(39\ 860\ 044\pm1)\times10^{7}\ m^{3}/s^{2}$，扁率 $f=1/298.257\ 222\ 101$，地球自转角速度 $=7.292\ 115\times10^{-5}$ rad/s。

7.5.1.2　天球坐标系统

天球坐标系统是以球面坐标为依据，确定天体在天球上的位置而规定的坐标。球面坐标系统包括基本圈、次圈、极点和原点。基本圈是球体中特别选定的大圆，是球面坐标纬度的起算点，相当于平面坐标的横轴。次圈与基本圈垂直，次圈可以有无穷多，但是通过原点的辅圈最重要，它相当于平面坐标的纵轴。原点为基本圈和次圈的交点。

常用的天球坐标系有地平坐标系、时角坐标系、赤道坐标系和黄道坐标系。每一种坐标系都由一个“基本平面”和一个“极”组成。基本平面是天球上大圆所在的平面，“极”垂直于基本平面，指向由基本平面确定。

天球坐标系统是为确定天球上某一点的位置，在天球上建立的球面坐标系。有两个基本要素：①基本平面。由天球上某一选定的大圆所确定。大圆称为基圈，基圈的两个几何极之一作为球面坐标系的极。②主点，又称原点。由天球上某一选定的过坐标系极点的大圆与基圈所产生的交点所确定。

1. 地平坐标系

地平坐标系的基本平面是地平圈，“极”是天顶 Z。在地平坐标系中，设天体为 σ。过天顶 Z、天体 σ 和天底 Z' 的大圆 $Z\sigma Z'$ 与地平圈 $WSEN$ 垂直，相交于 H 点，$Z\sigma H$ 叫作“天体 σ 地平经圈”。它在地平圈上的弧度 $\overset{\frown}{NH}$ 叫作“天体 σ 方位角”，记为 A，由 N 点按顺时针方向计量，由 0°量到 360°。天体 σ 的另一个坐标是弧 $\overset{\frown}{Z\sigma}$，叫作“天顶距”，记为 z，由天顶往下计量，从 0°量到 90°。

地平坐标系具有以下特点：①地平坐标系是直接定义的，便于实现，易于进行直接观测；②对于不同观测者，彼此的天顶、地平均不同，同一天体的地平坐标也不同，具有地方性；③天体具有周日运动，其视位置不断变化，并且是非线性的，具有时间性；④地平坐标系与测站和观测时间均有关。

2. 时角坐标系

时角坐标系是用赤纬和时角两个坐标来表示天体在天球上的位置。

在时角坐标系中，存在以下定义：

(1)赤纬 δ：由赤道沿时圈向天体量，0°~±90°，向北为正，向南为负。

(2)时角 t：①点 Q 起算，沿赤道向西量，0°~360°，或 0~24 h；②点 Q' 起算，分别沿赤道向东、西量，0°~±180°，或 0~±12 h，向西为正，向东为负。

时角坐标系具有以下特点：①赤纬 δ 与测站、周日视运动无关；②时角 t 与测站有关，具有地方性；③时角 t 与周日视运动有关，具有时间性；④常作为地平坐标系与赤道坐标系转换时的过渡坐标系。

3. 赤道坐标系

赤道坐标系的基本平面是赤道面，“极”是北天极。在赤道坐标系中，过北天极 P、天体 σ 和南天极 P' 的大圆，$P\sigma P'$ 垂直于赤道面 $\gamma QQ'$ 且与 $\gamma QQ'$ 交于 T，$P\sigma TP'$ 就是天体 σ 的赤经圈或叫“时圈”。赤道上的 $\overset{\frown}{QT}$ 弧叫作“时角”，记为 t，从子午圈上 Q 点开始，按顺时针方向计量。赤道上的 γ 点是春分点，弧 $\overset{\frown}{\gamma T}$ 是天体 σ 的一个坐标，叫作“赤经”，记为 α，从春分点开始，按逆时针方向计量。在时角 t 和赤经 α 的测量中，计量单位都是时、分、秒，记为 h、m、s。天体 σ 的另一个坐标叫作“赤纬”，记为 δ，从赤道向两极度量，从 0°量到±90°，在赤道以北的天体记为“+”，在赤道以南的天体记为“-”。

赤道坐标系具有以下特点：①坐标原点（春分点）随天球一起转动；②赤经、赤纬与地球自转无关（与时间无关）；③赤经、赤纬与测站无关；④各种星表和天文历表中通常列出的都是天体在赤道坐标系中的坐标，以供全球各地观测者使用。

4. 黄道坐标系

黄道坐标系的基本平面是黄道面,"极"是北黄极。在黄道坐标系中,经过黄极 n、天体 σ 和南黄极 n' 的大圆 $n\sigma n'$ 垂直于天球黄道面 $\gamma EE'$,且与黄道交于 L,$n\sigma n'$ 就是天体 σ 的"黄经圈"。黄道上的 γ 是春分点,弧 $\overset{\frown}{\gamma L}$ 是天体 σ 的一个坐标,叫作"黄经",记为 λ,由春分点 γ 开始,在黄道上沿反时针方向计量,由 0°量到 360°。天体 σ 的另一个坐标是弧 $\overset{\frown}{L\sigma}$,叫作黄纬,记为 β,由黄道向两极度量,从 0°量到±90°,在黄道以北的天体记为"+",在黄道以南的天体记为"-"。

黄道坐标系具有以下特点:①坐标原点(春分点)随天球一起转动;②黄纬 β、黄经 l 与测站无关;③黄纬 β、黄经 l 与周日视运动无关;④主要在理论天文学中用来研究太阳系内各天体的位置和视运动规律。

天体在天球上的位置常常用一组坐标例如(A,Z)测量,而在实际工作中,有时则需要用另外一组坐标表示,这就需要在不同的坐标系之间进行变换。

7.5.2 北斗的时间系统

北斗卫星采用北斗时,是系统建立、保持和发播的时间参考标准,是由多台高精度原子钟组成和保持的原子时。原子时过于精准,为了与人们的生活习惯相符合,地面上采用国际标准时。

北斗时采用国际单位制秒为基本单位连续累计,不闰秒,起始历元为 2006 年 01 月 01 日 00 时 00 分 00 秒。

7.6 北斗测量模型及定位误差源分析

7.6.1 北斗测量模型

北斗卫星导航系统有伪距测量和载波相位测量两种测量模型,分别满足不同的精度要求。

7.6.1.1 伪距测量模型

用户接收机通过测距码(一组伪随机码)匹配来进行测距。伪距测量模型测量精度可达到米量级。

7.6.1.2 载波相位测量模型

通过用户接收机接收到的具有多普勒频移的载波信号与接收机产生的参考载波信号之间的相位差来测量距离。测量精度可达毫米级甚至亚毫米量级。

7.6.2 与卫星相关的误差

7.6.2.1 星历误差

由卫星星历计算得到的卫星轨道与实际轨道之间的差值,即导航电文中的广播星历外推卫星轨道带来的误差。在定位精度要求较高的情况下，采用轨道改进法处理观测数据。

7.6.2.2 **钟差误差**

钟差误差是指卫星上的原子钟与理想的原子钟之间存在的偏差或漂移。卫星钟差通过多项式模型修正后，仍不可避免地存在误差，利用钟差参数计算得到的钟差与实际钟差存在差别，通过广播星历改正的卫星钟差为5~10 ns。在相对定位中，可通过测站间的观测量求差来消除。

7.7 北斗伪距定位、测速与授时方法

7.7.1 北斗伪距差分定位法

北斗伪距差分定位法也称为相对定位法。依据卫星时钟、星历误差、电离层延迟对同一区域的不同接收机的高度相关性，通过位置坐标已知的点位反解出误差，并将这些误差值播发给用户，用户根据误差值修正误差，以满足定位精度的要求。

基准接收机，布置在基准点上的接收机。

用户接收机，待测定点上的接收机。

使用两台接收机分别置于两个测站上，其中一个测站是已知的基准点；另一台安设于运动载体上。所谓差分动态定位(DGPS)，就是使用两台接收机分别置于两个测站上同时测量来自相同 GPS 卫星的导航定位信号，用以联合测出动态用户的精确位置。

差分动态定位的结果，消除了星钟误差、星历误差、电离层与对流层时延误差，从而显著地提高了动态定位的精度。

7.7.2 北斗的测速法

伪距变化率测速法，利用伪距变化率求解用户速度。伪距变化率是通过多普勒效应求得的。

多普勒效应指出，波在波源移向观察者时接收频率变高，而在波源远离观察者时接收频率变低。当观察者移动时也能得到同样的结论。

7.7.3 北斗的授时方法

共视测量授时，在两个观测站上各放置一台北斗接收机，并同步观测同一卫星，来测定两个用户时钟的相对偏差。

7.8 北斗接收机原理

北斗接收机主要功能是感应、测量北斗卫星相对于接收机本身的伪距及卫星信号的

多普勒频移,并从中解调出导航电文。

接收机可分为以下几类:

(1)按用途分:

①导航型接收机。安装于运动载体上的接收机。

②测地型接收机。用于大地精密测量、工程精密测量。

③授时型接收机。提供高精度时间标准。

(2)按载波频率分:

①单频接收机。只接收单一频点的载波信号。

②双频接收机。可以同时接收两个及以上频点的载波信号。

(3)按通道数分:

①多通道接收机。具有多个信号通道,并且每个信号通道只连续跟踪一颗卫星。

②序贯通道接收机。按时序对各颗卫星进行跟踪和测量。

③多路复用通道接收机。对多颗卫星连续跟踪,并可同时获得多颗卫星的完整导航电文。

第3篇

电网中的智能设备

第8章 无人机及其技术

无人驾驶飞机简称无人机(UAV),是利用无线电遥控设备和自备的程序控制装置操纵的不载人飞行器。

8.1 无人机的分类

国内外无人机相关技术飞速发展,无人机系统种类繁多、用途广、特点鲜明,致使其在尺寸、质量、航程、航时、飞行高度、飞行速度、任务等多方面都有较大差异。由于无人机的多样性,出于不同的考量会有不同的分类方法。

(1)按飞行平台构型分类,无人机可分为固定翼无人机、旋翼无人机、无人飞艇、伞翼无人机、扑翼无人机等。

(2)按用途分类,无人机可分为军用无人机和民用无人机。军用无人机可分为侦察无人机、诱饵无人机、电子对抗无人机、通信中继无人机、无人战斗机及靶机等;民用无人机可分为巡查/监视无人机、农用无人机、气象无人机、勘探无人机及测绘无人机等。

(3)按尺度分类(民航法规),无人机可分为微型无人机、轻型无人机、小型无人机及大型无人机。微型无人机是指空机质量小于或等于7 kg的无人机。轻型无人机空机质量大于7 kg,但小于或等于116 kg,且全马力平飞中,校正空速小于100 km/h,升限小于3 000 m。小型无人机是指空机质量小于或等于5 700 kg的无人机,微型无人机和轻型无人机除外。大型无人机是指空机质量大于5 700 kg的无人机。

(4)按活动半径分类,无人机可分为超近程无人机、近程无人机、短程无人机、中程无人机和远程无人机。超近程无人机活动半径在15 km以内,近程无人机活动半径在15~50 km,短程无人机活动半径在50~200 km,中程无人机活动半径在200~800 km,远程无人机活动半径大于800 km。

(5)按任务高度分类,无人机可以分为超低空无人机、低空无人机、中空无人机、高空无人机和超高空无人机。超低空无人机任务高度一般在0~100 m,低空无人机任务高度一般在100~1 000 m,中空无人机任务高度一般在1 000~7 000 m,高空无人机任务高度一般在7 000~18 000 m,超高空无人机任务高度一般大于18 000 m。

2018年9月,世界海关组织协调制度委员会(HSC)第62次会议决定,将无人机归类为“会飞的照相机”。无人机按照“会飞的照相机”归类,就可以按“照相机”监管,各国对照相机一般没有特殊的贸易管制要求,非常有利于中国高科技优势产品进入国外民用市场。

8.2 固定翼无人机

固定翼无人机(见图 8-1),是指能遥控飞行或自主控制飞行,机翼外端后掠角可随速度自动或手动调整的机翼固定的无人机。

图 8-1 固定翼无人机

8.2.1 固定翼无人机的组成

一般的固定翼无人机系统由 5 个主要部分组成(见图 8-2):机体结构、航电系统、动力系统、起降系统和地面控制站。

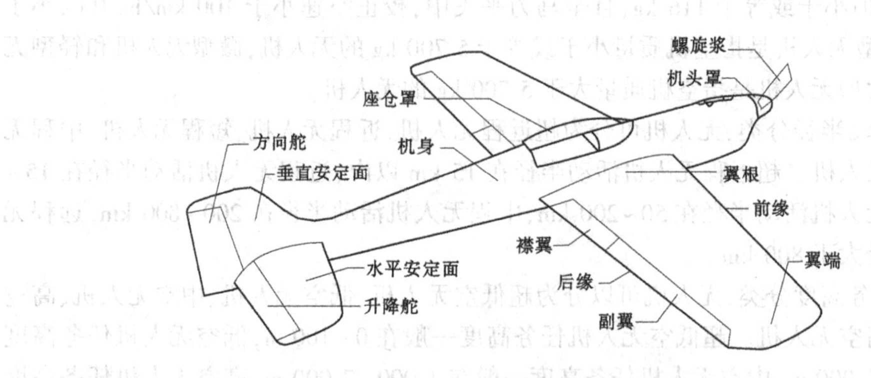

图 8-2 固定翼无人机的组成

(1)机体结构由可拆卸的模块化机体组成,既方便携带,又可以在短时间内完成组装、起飞。

(2)航电系统由飞控电脑、感应器、酬载、无线通信、空电电池组成,完成飞机控制系统的需要。

(3)动力系统由动力电池、螺旋桨、无刷马达组成，提供飞机飞行所需的动力。

(4)起降系统由弹射绳、弹射架、降落伞组成，帮助飞机完成弹射起飞和伞降着陆。

(5)地面控制站包括地面站电脑、手柄、电台等通信设备，用以辅助完成路线规划任务和飞行过程的监控。

8.2.2　固定翼无人机原理

固定翼无人机通过动力系统和机翼的滑行实现起降和飞行，遥控飞行和程控飞行均容易实现，抗风能力也比较强，是类型最多、应用最广泛的无人驾驶飞行器。由于固定翼无人机的起降需要比较空旷的场地，比较适合林业及草场监测、矿山资源监测、海洋环境监测和土地利用监测以及水利、电力等领域。固定翼无人机主要由14个部分组成。

8.2.2.1　**机身及机翼**

机身：用于装载设备、燃料和武器等，同时它是其他结构部件的安装基础，用以将尾翼、机翼、起落架等连接成一个整体。

机翼：固定翼飞行器产生升力的部件，机翼后缘有可操作地点活动面，靠外侧的叫作副翼，用于控制飞机的滚转运动。靠内侧的则是襟翼，用于增加起飞着陆阶段的升力。

8.2.2.2　**起落架**

起落架是用来支撑飞行器停放、滑行、起飞和着陆滑跑的部件，一般由支柱、缓冲器、刹车装置、机轮和收放机构组成。陆上飞机的起落装置一般有减震支柱和机轮组成，此外还有专供水上飞机起降的带有浮筒装置的起落架和滑撬式起落架。

8.2.2.3　**电机**

无人机的电机多为无刷电机，它的转子是永磁磁钢，连同外壳一起和输出轴相连，定子是绕组线圈，去掉了有刷电机用来交替变换电磁场的换向电刷，故称为无刷电机(brushless motor)。电调全称为电子调速器(electronic speed controller，ESC)，它根据控制信号调节电动机的转速。无人机动力系统各个部分是否匹配，动力系统与整机是否匹配，都直接影响到无人机的工作效率、稳定性，所以说动力系统是至关重要的。

8.2.2.4　**螺旋桨**

螺旋桨是指把发动机或电机的旋转轴功率转化为推进力的装置。在无人机系统中，螺旋桨属于动力系统的一部分，螺旋桨的性能和螺旋桨与发动机或电机的适配性直接影响到无人机的飞行性能。

8.2.2.5　**尾翼**

尾翼是用来配平、稳定和操纵固定翼飞行器飞行的部件，通常包括垂直尾翼(垂尾)和水平尾翼(平尾)两部分。垂直尾翼由固定的垂直安定面和安装在其后部的方向舵组成；水平尾翼由固定的水平安定面和安装在其后部的升降舵组成，一些型号的飞机升降舵由全动式水平尾翼代替。方向舵用于控制飞机的横向运动，升降舵用于控制飞机的纵向运动。

8.2.2.6　**油箱**

无人机油箱用来为无人机储油，保证向发动机正常供油。

8.2.2.7 机上飞行控制系统

机上飞行控制系统是无人机自主或半自主飞行的控制系统，是无人机的大脑。其主要部件有陀螺仪(飞行姿态感知)、加速计、地磁感应、GPS模块(选装)及控制电路。无人机飞控主要的功能就是自动保持飞机的正常飞行姿态。

8.2.2.8 通信天线(地面运用)

通信天线位于地面，用于接收无人机上的信号。

8.2.2.9 机载GPS及天线

无人机的导航系统是无人机的"眼睛"，多技术结合是未来发展的方向。导航系统负责向无人机提供参考坐标系的位置、速度、飞行姿态等矢量信息，引导无人机按照指定航线飞行，相当于有人机系统中的领航员。

无人机载导航系统主要分非自主(GPS等)和自主(惯性制导)两种，但分别有易受干扰和误差积累增大的缺点，而未来无人机的发展要求障碍回避、物资或武器投放、自动进场着陆等功能，需要高精度、高可靠性、高抗干扰性能，因此多种导航技术结合的"惯性+多传感器+GPS+光电导航系统"将是未来发展的方向。

8.2.2.10 地面控制导航和监控系统(笔记本电脑软件)

通过无人机地面控制导航和监控系统对无人机的飞行进行各种控制与检测，包括起飞、降落、飞行线路、飞行高度、飞行姿态等的控制。

8.2.2.11 人工控制飞行遥控器

人工控制飞行遥控器是用来控制无人机飞行姿态的。控制俯仰、偏航、油门、横滚、向前飞、向后飞、向左飞、向右飞、加油门、减油门、调转机头方向(顺时针转、逆时针转)，四个摇杆，八个方向。

8.2.2.12 数码相机

数码相机挂载于无人机上，用于拍摄。

8.2.2.13 降落伞

降落伞装在无人机上应急用。

8.2.2.14 弹射式起飞轨道

无人机弹射式起飞轨道是无人机起飞的一种装置。借助于助推火箭、高压气体、牵引索或橡筋绳等弹射装置，实现较短长度(甚至零长度)弹射起飞。

8.2.3 固定翼无人机的分类

(1)按气动布局分类：①常规布局无人机；②三角翼无人机；③前翼无尾布局无人机。

(2)按垂尾分类：①单垂翼无人机；②双垂翼无人机；③V形尾翼无人机。

8.2.4 固定翼无人机起降方式

(1)起飞方式：①泥地起飞；②发射架弹射；③手抛起飞；④车载起飞。

(2)降落方式：①草地降落；②机场跑道降落；③在航母上降落；④用降落伞降落。

8.3 无人直升机

无人直升机,是指由无线电地面遥控飞行或/和自主控制飞行的可垂直起降(VTOL)不载人飞行器,在构造形式上属于旋翼飞行器,在功能上属于垂直起降飞行器。近十几年来,随着复合材料、动力系统、传感器,尤其是飞行控制等技术的研究进展,无人直升机得到了迅速的发展,正日益成为人们关注的焦点。

无人直升机具有独特的飞行性能及使用价值。与有人驾驶直升机相比,无人直升机由于无人员伤亡、体积小、造价低、战场生存力强等特点,在许多方面具有无法比拟的优越性。与固定翼无人机相比,无人直升机可垂直起降、空中悬停,朝任意方向飞行,其起飞着陆场地小,不必配备像固定翼无人机那样复杂、大体积的发射回收系统。在军用方面,无人直升机既能执行各种非杀伤性任务,又能执行各种软硬杀伤性任务,包括侦察、监视、目标截获、诱饵、攻击、通信中继等。在民用方面,无人直升机在大气监测、交通监控、资源勘探、电力线路检测、森林防火等方面具有广泛的应用前景。无人直升机系统大体上由直升机本体、控制与导航系统、综合无线电系统和任务载荷设备等组成。

直升机本体包括旋翼、尾桨、机体、操纵系统、动力装置等。控制与导航系统包括地面控制站、机载姿态传感器、飞控计算机、定位与导航设备、飞行监控及显示系统等。这一部分是无人直升机系统的关键部分,也是较难实现的部分。综合无线电系统包括无线电传输与通信设备等,由机载数据终端、地面数据终端、天线、天线控制设备等组成。任务载荷设备包括光电、红外和雷达侦察设备以及电子对抗设备、通信中继设备等。

无人直升机不需要跑道,机场适应性较强,在飞行中机动灵活,生存力较强。无人直升机独特的飞行能力是其他一些飞行器不具备的,它可以执行许多有人驾驶直升机无法完成的任务。因此,国外近些年来加快了无人直升机的发展速度。共轴式直升机与单旋翼带尾桨的直升机相比,具有尺寸小、结构紧凑、悬停和中速飞行效率高等优点。由于没有尾桨,降低了来自尾桨的故障率,对无人驾驶情况下的安全着陆更为有利,尤其适合于起降场地受到较大限制时。因之,共轴式无人驾驶直升机是当前世界各发达国家无人机发展的一个趋势。

8.4 多旋翼无人机

多旋翼无人机(见图8-3),是一种具有3个及以上旋翼轴的特殊的无人飞机。

8.4.1 多旋翼无人机的特点

通过每个轴上的电动机转动,带动旋翼,从而产生升推力。旋翼的总距固定,而不像一般直升机那样可变。通过改变不同旋翼之间的相对转速,可以改变单轴推进力的大小,从而控制飞行器的运行轨迹。

图 8-3　多旋翼无人机

操控性强，可垂直起降和悬停，主要适用于低空、低速、有垂直起降和悬停要求的任务类型。

8.4.2　油动多旋翼无人机常见分类

常见的油动多旋翼无人机有四旋翼、六旋翼、八旋翼，多旋翼的最大特点就是具有多对旋翼，并且每对旋翼的转向相反，用来抵消彼此反扭力矩。

多旋翼无人机在飞行过程中需要不断地调整各个旋翼产生的升力来保持飞行姿态的平稳。常用改变升力的方式有两种：一种是发动机转速恒定，通过调整螺旋桨的螺距改变升力，称为变桨距方式；另一种是螺旋桨的螺距恒定，通过调整发动机转速改变升力，称为调速方式。

变桨距，也称为变距、调距。优点是响应速度快；缺点是需要复杂的机械结构来调整桨距，造价成本高，维护费用也高。

调速，也称为变转速、变速。优点是机械结构简单，调速多发直驱方式无传动结构，发动机直接驱动螺旋桨，造价成本较低，维护费用低；缺点是响应速度较慢。

8.5　电力无人机

电力无人机主要指无人机在电力工程方面所充当的角色。具体应用于基础建设规划、线路巡查、应急响应、地形测量等领域。随着技术的不断提高，电力无人机在未来电力工程建设中将会发挥出更加强劲的优势。无人机的角色有无人机巡线、无人机森林消防、无人机安保等。

8.5.1　无人机巡线

无人机巡线如图 8-4 所示。

无人机巡线的优势如下：

(1)无人机具备防雨水功能。可在大雨、中雪天气飞行，不受恶劣天气影响，可随时

图8-4　无人机巡线

巡航,有利于加大重点区段的特巡力度,增加大负荷运行下设备检测次数。

(2)无人机机动灵活。机身轻巧可靠,结构紧凑、性能卓越,使用不受地理条件、环境条件限制,特别适合在复杂环境执行任务,可定期对线路通道内树木、违章建筑等情况进行重点排查、清理,确保输电通道安全。

(3)傻瓜式自主飞行。输电设备面临自然灾害的处理,无人机系统具备全自动一键式起降及傻瓜式自主飞行功能,可长时间空中悬停或飞停于某固定点,通过大范围飞行快速巡查,可第一时间掌握事故隐患地点。

(4)反馈及时。无人机内置大内存、超小机载高清拍摄设备,通过航拍测绘掌握地面受灾程度,地面工作站控制指挥人员,根据实时回传的数据立即通知相关单位开展抢修维护事宜。

(5)提高了抢修队伍在处理应急事件的办事效率。快速准确地为受灾地区进行定损评估,为电塔、电线抢修赢得宝贵的时间。

(6)无人机巡航降低了电力部门整体巡检成本。无人机巡航在拍摄过程中发现重大危急缺陷,及时为运行单位提供信息,可避免线路事故停电,挽回高额的停电费用损失。

8.5.2　无人机森林消防

林业消防无人机的应用重点解决了在地面巡护无法顾及的偏远地区发生林业火灾的早期发现,以及对重大森林火灾现场的各种动态信息的准确把握和及时了解,也可以解决飞机巡护无法夜航、烟雾造成能见度降低导致无法飞行等问题。作为现有林业监测手段的有力补充,无人机显示出其他手段无法比拟的优越性,在林业火灾的监测、预防、扑救、灾后评估等方面必将得到广泛的应用。

无人机森林消防如图8-5所示。

无人机森林消防的优势如下:

图 8-5　无人机森林消防

(1)无人机专用非制冷双通道红外成像仪。可穿透烟雾进行人员搜救;实时图传系统及地面控制系统可以有效确认人员、危险品等重点关注事物方位;具有中心十字线测温功能;具有区域温差显示功能;具有区域最高温度定位功能;具有全红外、视频影像、双视频通道叠加功能。

(2)高分辨率数码相机。具有观测事物 100 m 时,物探精度≤10 mm,可有效发现关注事物细节;对区域进行系统拍照,可形成时相性强的区域正射遥感影像图,使任务决策、灾情管理、灾后报告等更加直观有效。

(3)高清晰度数码摄像机。实时图传系统和地面控制系统可有效协助工作人员锁定、凝视关注事物。

(4)物资投递设备。通过集成探杆、线轮、物品仓、软梯等,可执行物资横向运输、线路牵引、传单投递、物资投递等。

(5)其他。广播、照明、通信中继。

8.5.3　无人机安保

无人机能利用承载的高灵敏度照相机进行不间断的画面拍摄,获取影像资料,并将所获得信息和图像传送回地面;应用于反恐维稳,如遇到突发事件、灾难性暴力事件,可迅速实现实时现场视频画面传输,供指挥者进行科学决策和判断,成为一种不可多得的重要工具;进一步提高公安干警的响应、决策、评估效率,推动公安的信息化建设进程。

无人机安保的优势如下:

(1)采集现场数据,迅速将现场的视频、音频信息传送到指挥中心,跟踪事件的发展态势,供指挥者进行判断和决策(空中电子眼)。无人机机载摄像头到达现场之后能够迅速展开且可以多角度、大范围地进行现场观察,具有不可替代的作用,是一般监控设备无法比拟的。

(2)进行空中喊话,传递政府领导者讲话,表达警方意图。突发事件具有不确定性,如果在处置过程中不能使用正常的宣传工具与群众进行沟通,可通过无人机搭载扩音设备对现场进行喊话,传达正确的舆论导向。

(3)保持监控地区的数据传输链路做通信中继。应急出警的通信设备需要租用卫星线路提前申报手续繁杂,由于高楼林立通信信号盲区多,导致信号不能及时传递到指挥中心,致使决策滞后。无人机搭载的小型通信设备则起到了低空卫星的作用,对地面形成不间断的信号链接,使指挥系统能及时接收到事发现场的详细警情。

第9章　机器人及其技术

随着智能技术的快速发展，机器人的技术取得了重大突破，机器人领域迅速扩展并蓬勃发展。机器人已进入了人类生活、工作、学习的各个方面，为人类带来了前所未有的幸福。

9.1　定　义

由于机器人技术还在不断的发展，机器人的定义多种，内涵外延各自不尽相同，本书采用《从0到1机器人入门》一书中的定义：配备了各种数据收集、处理设备，以及用于灵活操作和与系统环境交互工具的机器，能够根据程序性控制或直接手动控制执行复杂动作。

阿西莫夫的“机器人三原则”：

第一条：机器人必须不伤害人类，也不允许它见到人类受到伤害而袖手旁观；

第二条：机器人必须服从人类的命令，除非人类的命令与第一条相违背；

第三条：机器人必须保护自身不受伤害，除非这与上述两条相违背。

这三条原则，给机器人社会赋以新的伦理性。至今，它仍会为机器人研究人员、设计制造厂家和用户提供十分有意义的指导方针。

阿西莫夫后来又为“机器人三原则”增加了一个前提，即第零原则：机器人不得伤害人类整体，或者因不作为致使人类整体受到伤害。

后来其他人又完善了原则，增加以下：

第四条：不论何种情形，人类为地球所居住的会说话、会行走、会摆动四肢的类人体。

第五条：只能接受合理合法的指令，不接受伤害人类及各类破坏人类体系的命令，如杀人、放火、抢劫、组建机器人部队等。

第六条：不接受罪犯（不论是机器人罪犯还是人类罪犯）指令。罪犯企图使机器人强行接受，可以执行自卫或协助警方逮捕。

9.2　机器人的特点

（1）外形酷似人，科学家们研制机器人是以人类自身为参照对象。当几近完美的人造皮肤、人造头发、人造五管等恰到好处地遮盖于金属内在的机器人身上时，走近细看，才可能发现是个机器人。

（2）逻辑分析严密，机器人能借助于逻辑分析自身完成许多工作，当在不需要人类帮助时，可以帮助人类完成一些任务，甚至是比较复杂的任务。

(3)功能实用多样，机器人的目的是为人类服务的，其功能尽可能多样化。如可以帮人们扫地、做饭、看护小孩，还可以搬运重物、拿东西。

9.3　机器人的分类

9.3.1　家务型机器人

能帮助人们打理生活，做简单的家务活。

9.3.2　操作型机器人

能自动控制，可重复编程，多功能，有几个自由度，可固定或运动，用于相关自动化系统中。

9.3.3　程控型机器人

预先要求的顺序及条件，依次控制机器人的机械动作。

9.3.4　数控型机器人

不必使机器人动作，通过数值、语言等对机器人进行示教，机器人根据示教后的信息进行作业。

9.3.5　搜救类机器人

在大型灾难后，能进入人进入不了的废墟中，用红外线扫描废墟中的景象，把信息传送给在外面的搜救人员。

9.3.6　平台型机器人

平台型机器人是在不同的场景下，提供不同的定制化智能服务的机器人应用终端。外观、硬件、软件、内容和应用等都可以根据用户场景需求进行定制。2016年8月，三宝平台型机器人首家线下体验店，正式落户深圳市宝安区。

9.3.7　示教再现型机器人

通过引导或其他方式，先教会机器人动作，输入工作程序，机器人则自动重复进行作业。

9.3.8　感觉控制型机器人

利用传感器获取的信息控制机器人的动作。

9.3.9 适应控制型机器人

能适应环境的变化,控制自身的行动。

9.3.10 学习控制型机器人

能“体会”工作的经验,具有一定的学习功能,并将所“学”的经验用于工作中。

9.3.11 智能型机器人

以人工智能决定其行动的机器人。

9.4 机器人的作用

第三代智能机器人不仅具有获取外部环境信息的各种传感器,而且还具有记忆能力、语言理解能力、图像识别能力、推理判断能力等人工智能,这些都和微电子技术的应用,特别是计算机技术的应用密切相关。因此,机器人技术的发展必将带动其他技术的发展,机器人技术的发展和应用水平也可以验证一个国家科学技术和工业技术的发展和水平。

机器人是自动执行工作的机器装置。它既有可以接受人工命令的功能,也可以运行预先编程的程序,并按照人工智能技术所规定的原则和程序行事。它的任务是协助或取代人类工作,如原材料、工业、建筑或危险的工作。

9.5 机器人系统的基本结构

机器人一般由执行机构、驱动装置、检测装置和控制系统及复杂机械等组成,如图 9-1 所示。

9.5.1 执行机构

执行机构即机器人本体,其臂部一般采用空间开链连杆机构,其中的运动副(转动副或移动副)常称为关节,关节个数通常为机器人的自由度数。根据关节配置形式和运动坐标形式的不同,机器人执行机构可分为直角坐标式、圆柱坐标式、极坐标式和关节坐标式等类型。出于拟人化的考虑,常将机器人本体的有关部位分别称为基座、腰部、臂部、腕部、手部(夹持器或末端执行器)和行走部(对于移动机器人)等。

9.5.2 驱动装置

驱动装置是驱使执行机构运动的机构,按照控制系统发出的指令信号,借助于动力元件使机器人进行动作。它输入的是电信号,输出的是线、角位移量。机器人使用的驱动装置主要是电力驱动装置,如步进电机、伺服电机等,此外也有采用液压、气动等驱动装置的。

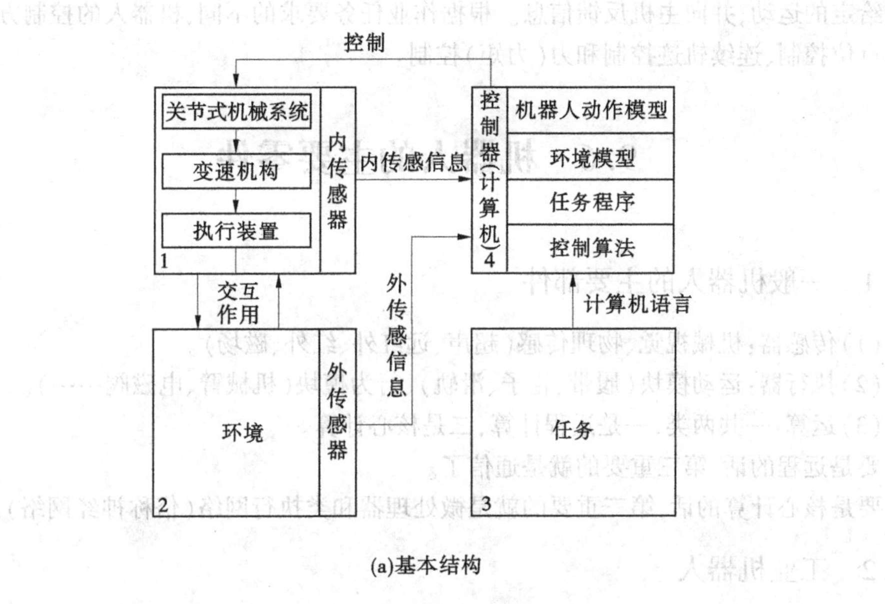

(a)基本结构

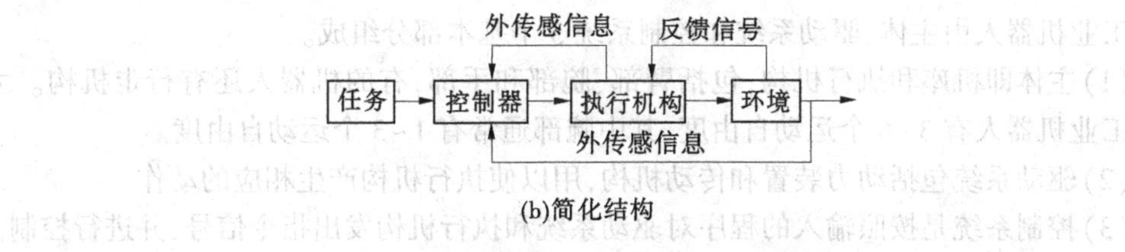

(b)简化结构

图9-1　机器人系统的基本结构

9.5.3　检测装置

检测装置是实时检测机器人的运动及工作情况，根据需要反馈给控制系统，与设定信息进行比较后，对执行机构进行调整，以保证机器人的动作符合预定的要求。作为检测装置的传感器大致可以分为两类：一类是内传感器，用于检测机器人各部分的内部状况，如各关节的位置、速度、加速度等，并将所测得的信息作为反馈信号送至控制器，形成闭环控制。另一类是外传感器，用于获取有关机器人的作业对象及外界环境等方面的信息，以使机器人的动作能适应外界情况的变化，使之达到更高层次的自动化，甚至使机器人具有某种"感觉"，向智能化发展，例如视觉、声觉等外部传感器给出工作对象、工作环境的有关信息，利用这些信息构成一个大的反馈回路，从而将大大提高机器人的工作精度。

9.5.4　控制系统

一种是集中式控制，即机器人的全部控制由一台微型计算机完成。另一种是分散(级)式控制，即采用多台微机来分担机器人的控制，如当采用上、下两级微机共同完成机器人的控制时，主机常用于负责系统的管理、通信、运动学和动力学计算，并向下级微机发送指令信息；作为下级从机，各关节分别对应一个CPU，进行插补运算和伺服控制处理，实现给定的运动,并向主机反馈信息。根据作业任务要求的不同,机器人的控制方式又可分为点位控制、连续轨迹控制和力(力矩)控制。

9.6 机器人的主要零件

9.6.1 一般机器人的主要部件

(1)传感器:机械视觉、物理传感(超声、远红外、红外、磁场)。

(2)执行器:运动模块(履带、轮子、滑轨)、行为模块(机械臂、电磁阀……)。

(3)运算:一共两类,一是远程计算,二是核心计算。

要是远程的话,第三重要的就是通信了。

要是核心计算的话,第三重要的就是微处理器和类执行网络(俗称神经网络)。

9.6.2 工业机器人

工业机器人由主体、驱动系统和控制系统 3 个基本部分组成。

(1)主体即机座和执行机构,包括臂部、腕部和手部,有的机器人还有行走机构。大多数工业机器人有 3~6 个运动自由度,其中腕部通常有 1~3 个运动自由度。

(2)驱动系统包括动力装置和传动机构,用以使执行机构产生相应的动作。

(3)控制系统是按照输入的程序对驱动系统和执行机构发出指令信号,并进行控制。

工业机器人按臂部的运动形式分为 4 种:直角坐标型的臂部可沿三个直角坐标移动;圆柱坐标型的臂部可做升降、回转和伸缩动作;球坐标型的臂部能回转、俯仰和伸缩;关节型的臂部有多个转动关节。

工业机器人按执行机构运动的控制机能,又可分点位型和连续轨迹型。点位型只控制执行机构由一点到另一点的准确定位,适用于机床上下料、点焊和一般搬运、装卸等作业;连续轨迹型可控制执行机构按给定轨迹运动,适用于连续焊接和涂装等作业。

工业机器人按程序输入方式分为编程输入型和示教输入型两类。编程输入型是将计算机上已编好的作业程序文件,通过 RS232 串口或者以太网等通信方式传送到机器人控制柜。

示教输入型的示教方法有两种:一种是由操作者用手动控制器(示教操纵盒),将指令信号传给驱动系统,使执行机构按要求的动作顺序和运动轨迹操演一遍;另一种是由操作者直接驱动执行机构,按要求的动作顺序和运动轨迹操演一遍。在示教过程的同时,工作程序的信息即自动存入程序存储器中,在机器人自动工作时,控制系统从程序存储器中检出相应信息,将指令信号传给驱动机构,使执行机构再现示教的各种动作。示教输入程序的工业机器人称为示教再现型工业机器人。

具有触觉、力觉或简单视觉的工业机器人,能在较为复杂的环境下工作;如具有识别功能或更进一步增加自适应、自学习功能,即成为智能型工业机器人。它能按照人给的“宏指令”自选或自编程序去适应环境,并自动完成更为复杂的工作。

9.7 机器人的性能参数及能力评价

9.7.1 机器人的性能参数

机器人的性能参数有自由度、精度、工作范围、速度、承载能力。

(1)自由度:是指机器人所具有的独立坐标轴的数目,不包括手爪(末端操作器)的开合自由度。在三维空间里描述一个物体的位置和姿态需要6个自由度。但是,工业机器人的自由度是根据其用途而设计的,可能小于6个自由度,也可能大于6个自由度。

(2)精度:工业机器人的精度是指定位精度和重复定位精度。定位精度是指机器人手部实际到达位置与目标位置之间的差异。重复定位精度是指机器人重复定位其手部于同一目标位置的能力,可以用标准偏差这个统计量来表示,它是衡量一列误差值的密集度(重复度)。

(3)工作范围:是指机器人手臂末端或手腕中心所能到达的所有点的集合,也叫工作区域。

(4)速度:是表明机器人运动特性的主要指标。

(5)承载能力:是指机器人在工作范围内的任何位姿上所能承受的最大质量。承载能力不仅取决于负载的质量,而且还与机器人运行的速度和加速度的大小和方向有关。为了安全起见,承载能力这一技术指标是指高速运行时的承载能力。通常,承载能力不仅指负载,还包括机器人末端操作器的质量。

9.7.2 机器人能力的评价标准

机器人能力的评价标准包括以下几方面:

(1)智能。指感觉和感知,包括记忆、运算、比较、鉴别、判断、决策、学习和逻辑推理等。

(2)机能。指变通性、通用性或空间占有性等。

(3)物理能。指力、速度、可靠性、联用性和寿命等。

因此,可以说机器人就是具有生物功能的实际空间运行工具,可以代替人类完成一些危险或难以进行的劳作、任务等。

9.8 工业机器人

9.8.1 定义

工业机器人是面向工业领域的多关节机械手或多自由度的机器装置。特点是可编程、拟人化、具有通用性及机电一体化。

9.8.2 特点

(1)可编程。

生产自动化的进一步发展是柔性启动化。工业机器人可随其工作环境变化的需要而再编程,因此它在小批量多品种具有均衡高效率的柔性制造过程中能发挥很好的功用,是柔性制造系统中的一个重要组成部分。

(2)拟人化。

工业机器人在机械结构上有类似人的行走、腰转、大臂、小臂、手腕、手爪等部分,在控制上有电脑。

此外,智能化工业机器人还有许多类似人类的"生物传感器",如皮肤型接触传感器、力传感器、负载传感器、视觉传感器、声觉传感器、语言功能等。传感器提高了工业机器人对周围环境的自适应能力。

(3)通用性。

除专门设计的专用工业机器人外,一般工业机器人在执行不同的作业任务时具有较好的通用性。比如,更换工业机器人手部末端操作器(手爪、工具等)便可执行不同的作业任务。

(4)机电一体化。

工业机器人技术涉及的学科相当广泛,归纳起来是机械学和微电子学的结合——机电一体化技术。

第4篇

电力物联网

第10章 电力物联网架构

2010年国家明确提出“加快发展物联网技术，重视网络计算和信息存储技术开发，加快相关基础设施建设，积极研发和建设新一代互联网，改变我国信息资源行业分隔、核心技术受制于人的局面，促进信息共享，保障信息安全”。

国家电网有限公司为此专门成立了从事物联网技术在电力系统应用的研发机构，定位于集研发、试验、工程、服务、评测与验证于一体的电力物联网研发和产业化孵化基地，重点开展面向智能电网的物联网核心技术攻关、芯片研制、产品和应用系统开发、标准制定及产品评测、智能电网重大信息通信装备制造以及智能服务和感知电力中心建设，成立至今已成功申报多个物联网相关国家级重大科技项目和咨询项目。

电力物联网（electric internet of things，EIOT）围绕电力系统各环节，充分应用移动互联、人工智能等现代信息技术、先进通信技术，实现电力系统各个环节万物互联、人机交互，具有状态全面感知、信息高效处理、应用便捷灵活特征的智能化服务系统。

电力物联网是物联网在智能电网中的应用，是信息通信技术发展到一定阶段的结果，其将有效整合通信基础设施资源和电力系统基础设施资源，提高电力系统信息化水平，改善电力系统现有基础设施利用效率，为电网发、输、变、配、用电等环节提供重要技术支撑。

电力物联网融合了通信、信息、传感、自动化等技术，在电力生产、输送、消费、管理各环节，广泛部署具有一定感知能力、计算能力和执行能力的各种智能感知设备，采用基于IP的标准协议，通过电力信息通信网络，实现信息安全可靠传输、协同处理、统一服务及应用集成，从而实现电网运行及企业管理全过程的全景全息感知、互联互通及无缝整合。

根据物联网技术特点及智能电网发展要求，电力物联网应具备如下5个基本特征：

(1)全面感知。对电力生产、输送、消费、管理各环节信息的全面智能识别，在信息采集、汇聚处理基础上实现全过程、资产全寿命、客户全方位感知。

(2)IP互联。传感器之间、传感器与应用系统之间通过电力物联网标准化通信协议与通信网络，实现信息有效传递与交互。

(3)可靠传输。利用电力光纤、载波、无线专网、互联网等，实现感知层和应用层之间的可靠信息传递。

(4)智能处理。综合运用高性能计算、人工智能、分布式数据库等技术，进行数据存储、数据挖掘、智能分析，支撑应用服务、信息呈现、客户交互等业务功能。

(5)IT融合。成为企业IT架构的延伸，完善补充企业IT架构，同时作为企业IT架构重要的组成部分之一，与企业IT架构高度融合。

电力物联网(见图10-1)由感知层、网络层、平台层和应用层组成。感知层位于信息架构的最底层，通常部署在靠近监测设备或信息源头，主要功能是实现电力相关对象数据的采集、就地处理以及物联接入，通过网络层设备，与平台层通信，为平台层提供基础数据，同时接收平台层下发的控制命令及配置信息等。

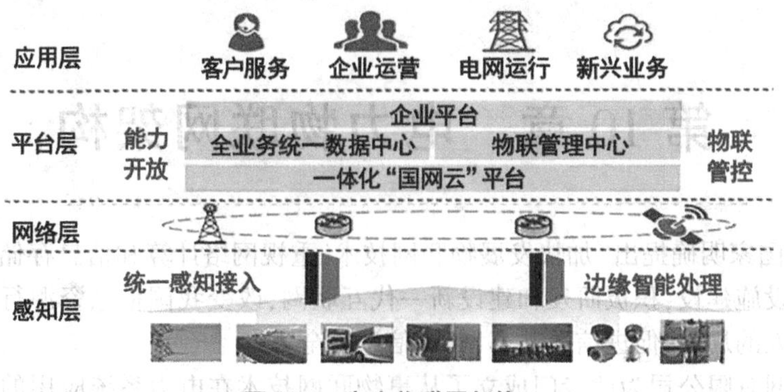

图 10-1 电力物联网架构

10.1 感知层

感知层是电力物联网总体架构的第四层,即最底层,负责信息采集和信号处理。通过感知识别技术,使物与物通过网络连接。

感知层的几个要求如下:

(1)实现终端标准化统一接入。操作系统要标准化。满足轻量级、低功耗,快速启动等特性,支持多传感协同,同时支持多架构处理器,有统一的应用开发平台,支持长短距连接,实现全连接覆盖。

(2)通信、计算等资源共享。物联网终端数据的种类包括结构化数据和半结构化数据,又以半结构化数据为主。平台层需要有一个解码过程来读取数据内容,而平台层将控制信息下发到终端时,需要将数据文件编码成机器语言。因此,编码和解码的规范将会成为通信、计算等资源能否共享的关键。

(3)在源端实现数据融通和边缘智能。由于电力物联网的终端设备数量极其庞大,数据既呈现强时序的特性也有时空的属性,因此如果计算都在平台层进行处理,会对服务器集群产生极大的压力,利用边缘计算在网关处理一些区域化的计算任务是减轻平台层服务器集群计算压力的很好手段,在感知层就完成了部分数据和信息的整合处理。

10.2 网络层

网络层的作用为通过现有的互联网、移动通信网、卫星通信网等基础网络设施,对来自感知层的信息进行接入和传输。在物联网系统中网络层接驳感知层和平台层,具有强大的纽带作用。

10.3　平台层

平台层将网络内海量的信息资源通过计算机整合成一个可互联互通的大型网络,解决数据存储、检索、使用、挖掘和安全隐私保护等问题。平台层位于感知层和网络层之上,处于应用层之下,是物联网的核心。

10.4　应用层

应用层是物联网系统的用户接口,位于架构的最顶端,通过分析处理后的数据为用户提供丰富的特定服务。应用层接收平台层传来的信息,并对信息进行处理和决策,再通过平台层和网络层发送信息以控制感知层的设备终端。应用层可以是以网站的形式存在,也包括 APP、公众号、小程序等方式,只要涉及人机互动的都可以归入应用层的范围。

第5篇

电力物联网的相关标准、规范

第11章　电力物联网标准

国家电网有限公司2021年4月20日通过国家电网企管〔2021〕226号文向内部各单位发布了电力物联网标准，包括《电力物联网术语》《电力物联网标识规范 第1部分：总则》《电力物联网标识规范 第2部分：标识编码、存储与解析》《电力物联网标识规范 第3部分：标识注册管理与技术要求》《电力物联网感知层技术导则》《电力物联网本地通信网技术导则》《电力物联网平台层技术导则》《电力物联网业务中台技术要求和服务规范》《电力物联网数据中台技术和功能规范》《电力物联网数据中台服务接口规范》《物联管理平台技术和功能规范 第1部分：总则》《物联管理平台技术和功能规范 第2部分：功能要求》《物联管理平台技术和功能规范格化 第4部分：边缘物联代理与物联管理平台交互协议规范》《物联终端统一建模规范》《电力物联网全场景安全技术要求》《电力物联网感知层设备接入安全技术规范》《电力物联网全场景安全监测数据采集基本要求》《电力物联网数据安全分级保护要求》《电力物联网密码应用规范》《一体化"国网云" 第8部分：应用上云测试》《边缘物联代理技术要求》等20项技术标准。

11.1 《电力物联网标识规范》

电力物联网标识规范规定了电力物联网标识的总体要求，包括标识解析体系、标识编码、存储、注册及相关技术要求。

本标准适用于接入电力物联网的现场采集部件、边缘物联代理装置及智能业务终端、电能计量设备、电网资产设备、APP、信息系统等对象的标识编码、存储和注册。

本标准根据以下原则编制：

(1)坚持先进性与实用性相结合、统一性与灵活性相结合、可靠性与经济性相结合的原则，以标准化为引领，服务公司科学发展。

(2)充分调研公司电力物联网标识现状和应用需求，满足实际业务应用需求。

(3)认真研究现行相关的国家标准、行业标准、企业标准，体现技术的最新发展。

(4)规范电力物联网的标识，切实指导电力物联网标识管理工作。标准分为3个部分。

第1部分规定了电力物联网标识的总体要求，包括标识解析体系、标识编码、存储、注册及相关技术要求。包括5个章节：第5章主要规定了电力物联网标识体系及架构。第6章主要规定了电力物联网标识的总体要求。第7章规定了电力物联网标识的兼容性要求。第8章主要规定了电力物联网标识的安全性要求。第9章主要规定了电力物联网标识规范的开放性要求。

第2部分规定了电力物联网标识编码、存储与解析等方面的技术要求；本部分适用于电力物联网接入的实体设备及虚拟对象标识编码、存储与解析方式。

第3部分规定了电力物联网标识注册管理与技术要求。

第1部分侧重于电力物联网标识体系以及总体要求，第2部分和第3部分侧重于标识的编码、存储、解析、注册管理等具体的要求。

11.2 电力物联网感知与通信规范

11.2.1 《电力物联网感知层技术导则》

本标准规定了电力物联网感知层总体技术要求、体系结构，以及感知层终端和本地通信网络的功能、安全及调试导则。

本标准适用于电力物联网感知层的规划、设计、建设的指导，感知层各组成部分的详细设计需参考相应细化标准。

感知层应以高度可靠的设备为基础，其基本技术原则如下：

(1)感知层终端设备具有信息数字化、功能集成化、结构紧凑化、状态可视化等主要技术特征，符合易扩展、易升级、易改造、易维护的工业化应用要求。

(2)感知层终端宜建立包含电网运行数据、设备状态、网络连接拓扑、通信状态及运行环境等各类数据的标准化信息模型，满足基础数据的完整性及一致性的要求。

(3)感知层宜采用包括二维码、RFID电子标签、网络MAC地址标识等在内的设备资产"实物"标识技术，建立起感知对象和终端设备的物联标识体系，提升电网资产全寿命周期总体结构，电力物联网由感知层、网络层、平台层和应用层组成，感知层位于信息架构的最底层，通常部署在靠近监测设备或信息源头，主要功能是实现电力相关对象数据的采集、就地处理以及物联接入，通过网络层设备，与平台层通信，为平台层提供基础数据，同时接受平台层下发的控制命令以及配置信息等。

感知层有以下3种结构形式：

(1)结构①。感知层功能由采集控制终端、业务终端/汇聚终端、边缘物联代理3种类型终端协作完成，该结构适用于具有大量监测对象、需要进行实时计算或者有特定专业管理要求的应用场景。

(2)结构②。不设置业务终端，感知层功能由采集控制终端和边缘物联代理两种终端协作完成，适用于就地业务处理要求不高的应用场景，可以在边缘物联代理中采用边缘计算技术实现就地业务处理功能。

(3)结构③。感知层只配置边缘物联代理，边缘物联代理中包含了业务处理功能，适用于采集信息量少、无需复杂就地计算的应用场景。

本标准依据以下原则编制：

(1)坚持先进性与实用性相结合、统一性与灵活性相结合原则，既考虑到工程实施要求，也考虑到今后的发展需求。

(2)参考现有物联网通信相关国家标准和行业标准。

(3)只针对感知层的整体性和共性的需求进行规范,不涉及各组成部分的具体业务功能。

本标准的主题章分为5章,由总则、体系结构、功能要求、安全要求和调试要求组成。总则章节规定了电力物联网感知层的基本技术原则,然后在此原则基础上给出3种体系结构及其组成部分,功能要求章节则是对感知层各组成部分的功能进行描述,最后是安全防护的原则性要求和感知层设备需支持的调试要求。

11.2.2 《电力物联网本地通信网技术导则》

本标准规定了电力物联网本地通信网的总体架构、设计要求、能力要求和接口要求。

本标准适用于电力物联网本地通信网的设计、施工、验收及维护。

本标准主要根据以下原则编制:

(1)贯彻“统一标准、统筹规划协调推进”方针,遵循全面性、适用合理和前瞻的原则。

(2)参考现有物联网通信相关国家标准和行业标准。

(3)本标准规范了电力物联网本地通信网的分级要求、总体架构、设备能力、接口要求和网络设计要求。

11.3　电力物联网平台层标准

11.3.1 《电力物联网平台层技术导则》

本标准规定了平台层在电力物联网架构中的定位,确立了平台层总体架构,界定了平台层内部的各组成部分,为平台层建设提供技术依据。

本标准适用于电力物联网中平台层的概念理解和信息交流,指导国家电网有限公司各单位电力物联网平台层的建设,包括平台层各组成部分的架构设计与内在关系,各组成部分的详细规范应参考对应标准。

本标准编制的主要原则是遵守现有相关法律、条例、标准和导则等,坚持先进性与实用性相结合、统一性与灵活性相结合、可靠性与经济性相结合的原则,以标准化为引领,服务公司电力物联网建设。

11.3.2 《电力物联网业务中台技术要求和服务规范》

本标准规定了电力物联网业务中台技术要求和服务规范。

本标准适用于电力物联网业务中台的设计、研发、运营等环节。

本标准根据以下原则编制:

(1)坚持先进性与实用性相结合、统一性与灵活性相结合、可靠性与经济性相结合的原则,以标准化为引领,服务公司科学发展。

(2)充分调研公司电力物联网业务中台建设需求,满足实际业务应用需求。

(3)认真研究现行相关的国家标准、行业标准、企业标准,体现技术的最新发展。

(4)规范电力物联网业务中台的建设,切实指导电力物联网业务中台建设工作。

11.3.3 《电力物联网数据中台技术和功能规范》

本标准规定了数据中台技术和功能要求,包括数据接入、存储计算、数据分析、数据服务、数据资产管理、运营管理等功能要求以及非功能性要求。

本标准适用于电力物联网数据中台的规划、设计、开发、建设、运维等环节。

本标准根据以下原则编制:

(1)坚持先进性与实用性相结合、统一性与灵活性相结合、可靠性与经济性相结合的原则,以标准化为引领,服务公司科学发展。

(2)本标准只提出整体性、概括性的要求,不涉及各组件的具体实现细节。

(3)本标准遵循公司信息化“十三五”规划、电力物联网规划、数据中台技术方案。

(4)认真研究国内外现行相关的IEC标准、国家标准、行业标准、企业标准,体现安全设计框架的最新发展。

11.3.4 《电力物联网数据中台服务接口规范》

本标准规定了数据中台服务接口规范,包括数据服务总体要求、技术要求两部分。

本标准适用于电力物联网数据服务接口设计、开发、运行、维护等环节。

本标准根据以下原则编制:

(1)坚持先进性与实用性相结合、统一性与灵活性相结合、可靠性与经济性相结合的原则,以标准化为引领,服务公司科学发展。

(2)本标准遵循公司信息化“十三五”规划、电力物联网规划、数据中台技术方案。

(3)认真研究国内外现行相关的IEC标准、国家标准、行业标准、企业标准,体现安全设计框架的最新发展。

11.3.5 《物联管理平台技术和功能规范 第1部分:总则》

本标准规定了智慧物联体系中物联管理平台的定位和总体要求。

本标准适用于智慧物联体系中物联管理平台的规划、建设和运维等环节。

本标准主要根据以下原则编制:

(1)标准化原则。明确对物联管理平台的定位和总体要求,在功能、信息交互、系统部署等方面形成统一的规范。

(2)实用性原则。充分考虑电力物联网建设的实际应用需求,力求有效指导物联管理平台的建设。

11.3.6 《物联管理平台技术和功能规范 第2部分:功能要求》

本标准规定了智慧物联体系中物联管理平台的功能、性能、可靠性、易用性、可用性和安全要求等。

本标准适用于智慧物联体系中物联管理平台的设计、开发、建设等环节。

本标准主要根据以下原则编制:

(1)标准化原则。提供对物联管理平台功能、性能、可靠性、易用性、可用性和安全等方面的具体要求,形成统一的规范。

(2)实用性原则。充分考虑电力物联网建设的实际应用需求,力求有效指导物联管理平台的建设。

11.3.7 《物联管理平台技术和功能规范 第4部分:边缘物联代理与物联管理平台交互协议规范》

本标准规定了边缘物联代理设备(简称“边设备”)与物联管理平台之间以 MQTT 方式进行交互的协议规范,包含物联管理平台对边设备的设备管理、容器管理、应用管理以及业务交互等内容。对于以其他方式与物联管理平台进行交互的边缘物联代理设备需要遵循的协议规范另行约定。

本标准适用于电力物联网边缘物联代理与物联管理平台之间的通信交互。

本标准编制的主要原则是遵守现有相关法律、条例、标准和导则等,兼顾信息系统建设与运维的相关要求。

11.3.8 《物联终端统一建模规范》

本标准规定了电力物联网物联终端统一建模方法。

本标准适用于指导公司电力物联网中输变配用等专业物联终端设备数据信息模型的构建。

本标准编制的主要原则是遵守现有相关法律、条例、标准和导则等,兼顾信息系统建设与运维的相关要求。

第12章 电力物联网安全规范

12.1 《电力物联网全场景安全技术要求》

本标准规定了电力物联网全场景安全防护总则，以及感知层、网络层、平台层、应用层和通用安全防护技术要求。

本标准适用于电力物联网规划、设计、采购、安全审查、开发测试、实施上线、运行管理等全过程管理。

本标准编制的主要目的是规定了电力物联网全场景安全防护的总体原则和技术要求，作为《信息安全技术 网络安全等级保护基本要求》(GB/T 22239)、《电力监控系统安全防护规定》(国家发展和改革委员会令第14号)、《国家电网公司管理信息系统安全防护技术要求》(Q/GDW 1594)、《国家电网公司智能电网信息安全防护总体方案(试行)》(国家电网信息〔2011〕1727号)和《电力物联网全场景网络安全防护方案》(国家电网互联〔2019〕806号)等标准和规定的重要补充，指导公司各分部、公司各单位的电力物联网规划、设计、采购、安全审查、开发测试、实施上线、运行管理等全过程管理。

本标准主要根据以下原则编制：

(1)坚持先进性与实用性相结合、统一性与灵活性相结合、可靠性与经济性相结合的原则，以标准化为指导进行相关业务系统的安全建设。

(2)借鉴现行相关的国家标准、行业标准、企业标准，使指导性技术文件具有科学性和规范性。

(3)分析各业务系统的安全需求、性能特征，研究提出具有必要性、实用性和可实施性的安全机制和实施措施。

(4)严格按照公司统一信息安全防护策略，融合公司已有各种安全防护措施，制定安全设计框架技术要求。

(5)适度防范，分级防护，提出构建互联网大区，明确管理信息大区和互联网大区的感知层、网络层、平台层、应用层的安全防护要求，生产控制大区严格遵循《电力监控系统网络安全防护导则》(GB/T 36572)的要求进行安全防护。

12.2 《电力物联网感知层设备接入安全技术规范》

本标准规定了电力物联网感知层设备本体安全、通信安全和本地通信网络安全的技术要求。

本标准适用于电力物联网感知层设备接入公司信息系统的网络安全设计、选型和系统集成。

本标准主要根据以下原则编制：

(1)坚持先进性与实用性相结合、统一性与灵活性相结合、可靠性与经济性相结合的原则，以标准化为指导进行相关业务系统的安全建设。

(2)坚持适度防范、分级别防护，分析各业务系统的安全需求、性能特征，研究提出具有必要性、实用性和可实施性的安全机制和实施措施。

(3)借鉴现行相关的国际标准、国家标准、行业标准、企业标准，使标准具有科学性和规范性。

(4)从感知层设备本体安全、通信安全、本地通信网络安全等方面提出综合的全环节防护要求。

12.3 《电力物联网全场景安全监测数据采集基本要求》

本标准规定了不同类型、不同来源的基础安全数据，明确不同设备、系统应报送的数据类型，以及数据的采集方法、频次和基础数据格式。

本标准适用于电力物联网的新系统、设备接入和原有系统、设备改造。

本标准根据以下原则编制：

(1)坚持先进性与实用性相结合、统一性与灵活性相结合、可靠性与经济性相结合的原则，以标准化为引领，服务公司科学发展。

(2)认真研究、学习、借鉴现行相关的国际标准、国家标准、行业标准、企业标准，使标准具有科学性和规范性。

12.4 《电力物联网数据安全分级保护要求》

本标准规定了非涉及国家秘密的电力物联网电子数据安全级别划分以及各级数据从数据采集、传输、存储、处理、交换、销毁等全生命周期各环节安全要求。

本标准适用于指导电力物联网数据全生命周期安全分级防护。

本标准主要根据以下原则编制：

(1)坚持先进性与实用性相结合、统一性与灵活性相结合、可靠性与经济性相结合的原则，以标准化为引领，服务公司发展。

(2)认真研究国内外现行相关的 IEC 标准、国家标准、行业标准、企业标准，体现安全设计框架的最新发展。

(3)调研了解公司电力物联网中具有代表性的业务场景、安全措施等，充分了解电力物联网各类物联网终端的应用现状和功能需求，进行数据安全风险分析，明确数据安全需求。

(4)严格按照公司统一信息安全防护策略,融合公司已有各种安全防护措施,制定安全设计框架技术要求。

(5)分级别防护,按级别落实安全防护管理和技术措施。

12.5 《电力物联网密码应用规范》

本标准规定了电力物联网密码应用总体要求以及感知层、网络层、平台层、应用层的密码应用基本要求和增强要求。

本标准适用于指导电力物联网密码应用,无密码能力的终端不在本标准约束范围内。

本标准主要根据以下原则编制:

(1)依据 GB/T 22239、GM/T 0054 标准中对密码应用的要求制定。

(2)从电力物联网的感知、网络、平台、应用 4 个层面提出基本型到增强型的密码应用技术要求。

(3)依据“合法合规、自主可控、统一管理、分层防护”的原则。除部分终端因能力限制不受本规范约束外,其余密码应用应至少满足基本要求;对安全性要求较高,或一旦遭受破坏可能导致严重影响的系统,应满足增强要求。

12.6 《一体化“国网云” 第 8 部分:应用上云测试》

本部分规定了业务应用上云的测试要求、测试方法及测试结果评价,其中安全测试部分不涉及安全保障要求与源代码的相关安全要求。

本部分适用于管理信息大区的企业管理云以及互联网大区的公共服务云应用上云测试工作。

本部分根据以下原则编制:

(1)遵循企业标准不低于国家标准的原则,充分考虑公司应用上云业务特性及安全需求,适应公司信息化发展对上云应用的要求。

(2)规范云计算系统安全相关的术语和定义、技术要求等相关内容,坚持安全要求具备可操作性,切实指导软件安全测试和前期研发工作。

(3)遵循已有的国家、行业相关标准,符合公司云计算系统相关要求,推动公司信息化建设。

第13章　《边缘物联代理技术要求》

本标准规定了电力物联网感知层边缘物联代理功能、性能、接口及安全等技术要求。

本标准适用于电力物联网边缘物联代理的设计、开发、制造、检验和验收。

本标准根据以下原则编制：

(1)实用性原则。本标准用于指导边缘物联代理设计、开发、制造、检验和验收工作。考虑到在实际应用过程中，不同的业务应用对边缘物联代理功能和性能要求差异较大，本标准针对设备不同形态分别提出了指标要求，使本标准具备实用性。

(2)适用性原则。本标准规定的技术要求均根据边缘物联代理测试结果进行总结提炼，确保适用于电力物联网各类应用场景。

(3)开放性原则。本标准制定了边缘物联代理的基本功能要求、高级要求、硬件要求、操作要求等内容，确保能够实现各类物联网终端的安全接入，满足各专业应用需求。

第6篇

典型应用

第14章 变电所物联网监测系统

在国家要求提升配用电管理的自动化、信息化和智能化水平的行业背景下,变电所物联网监测系统应运而生。

14.1 系统功能

(1)实现配电站(室)无人巡视和精准检修模式;通过大幅降低人工巡视强度,有效提升运维等工作效率。

(2)实现低压配电网的网络全景数据监测和故障迅速判断隔离。

(3)实现及时发现设备缺陷、隐患,为设备提供良好的运行环境,显著提升供电可靠性,助力实现资产的精益管理。

(4)实现配电网建设及运维管理数字化。在配电自动化基础上,全面支撑智能监测、监控技术方案,全面适应智能配电网及数字电网未来发展要求。

变电所物联网监测系统架构如图14-1所示。

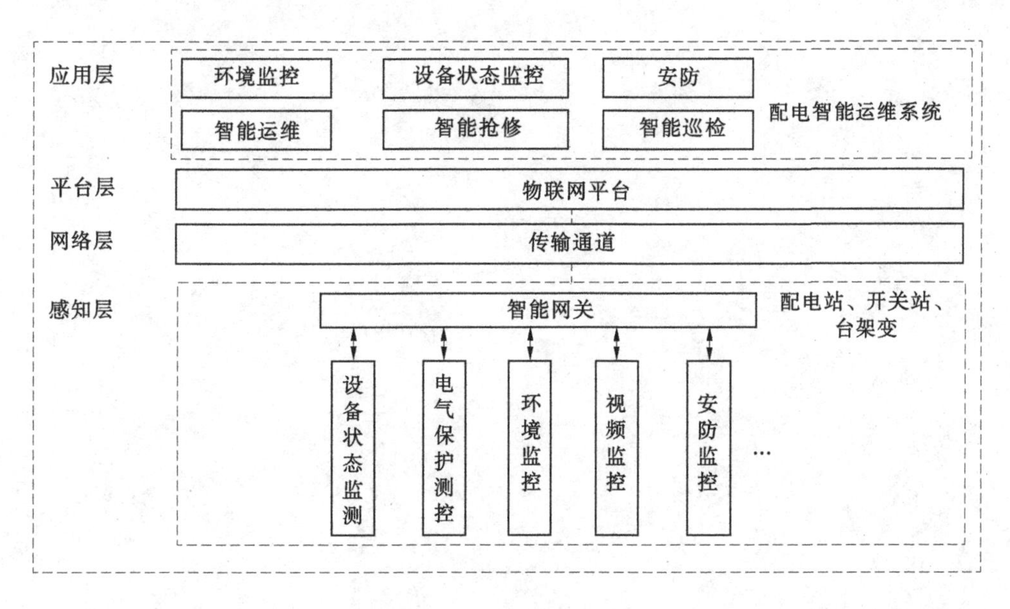

图14-1 系统架构

14.2 系统架构

基于物联网架构,遵循物联网规约,以智能网关为数据汇聚和边缘计算中心,以实物电子标签、局部放电传感器、无线测温传感器、智能采集终端为感知设备,实现配电网的全面感知、数据融合和智能应用。

参 考 文 献

[1] 黄玉兰. 物联网射频识别(RFID)核心技术详解[M]. 3 版. 北京:人民邮电出版社,2012.
[2] 许子明,田杨锋. 云计算的发展历史及其应用[J]. 信息记录材料,2018,19(8):66-67.
[3] 杨元喜. 北斗卫星导航系统的进展、贡献与挑战[J]. 测绘学报,2010,39(1):1-6.
[4] 施闯,赵齐乐,李敏,等. 北斗卫星导航系统的精密定轨与定位研究[J]. 中国科学:地球科学,2012,42(6):854-861.
[5] 吕伟,朱建军. 北斗卫星导航系统发展综述[J]. 地矿测绘, 2007(3):29-32,36.
[6] 俞一帆,任春明,阮磊峰,等. 移动边缘计算技术发展浅析[J]. 电信网技术,2016(11):59-62.
[7] 张传福,赵立荣,张宇,等. 5G 移动通信系统及关键技术[M]. 北京:电子工业出版社,2020.